中等职业学校工业和
信息化精品系列教材

InDesign
排版设计

项目式全彩微课版

主编：马云扉

副主编：周绪霞 王艳宇 古小芬

人民邮电出版社

北 京

图书在版编目（CIP）数据

InDesign排版设计 ： 项目式全彩微课版 / 马云扉主编. -- 北京 ： 人民邮电出版社，2023.1
中等职业学校工业和信息化精品系列教材
ISBN 978-7-115-59421-1

Ⅰ. ①I… Ⅱ. ①马… Ⅲ. ①电子排版－应用软件－中等专业学校－教材 Ⅳ. ①TS803.23

中国版本图书馆CIP数据核字(2022)第096412号

内 容 提 要

本书全面、系统地介绍 InDesign 的基本操作方法和排版设计技巧，具体内容包括排版基础、InDesign 基础操作、绘制和编辑图形、路径编辑与复合形状、填充与效果、文本与文本效果、字符与段落格式、表格与图层面板、版面布局与主页、目录制作与书刊编排及综合设计实训等。

本书采用"项目—任务"编写模式，通过"任务引入"给出任务的具体要求；通过"设计理念"剖析设计的构思过程；通过"任务知识"帮助学生熟悉软件功能；通过"任务实施"帮助学生掌握版式制作过程和操作步骤；通过"扩展实践"和"项目演练"提升学生的软件使用技能。在项目 11 综合设计实训中，本书安排了 5 个商业案例，用于开拓学生的创新思维，提高学生的综合设计制作水平。

本书可作为中等职业学校数字媒体类专业排版设计课程的教材，也可作为 InDesign 初学者的自学参考书。

◆ 主　　编　马云扉
　　副 主 编　周绪霞　王艳宇　古小芬
　　责任编辑　王亚娜
　　责任印制　王　郁　焦志炜
◆ 人民邮电出版社出版发行　　北京市丰台区成寿寺路 11 号
　　邮编　100164　电子邮件　315@ptpress.com.cn
　　网址　https://www.ptpress.com.cn
　　北京尚唐印刷包装有限公司印刷
◆ 开本：889×1194　1/16
　　印张：12.75　　　　　　　　　2023 年 1 月第 1 版
　　字数：261 千字　　　　　　　2023 年 1 月北京第 1 次印刷

定价：59.80 元

读者服务热线：(010)81055256　印装质量热线：(010)81055316
反盗版热线：(010)81055315
广告经营许可证：京东市监广登字 20170147 号

前 言

PREFACE

InDesign 是由 Adobe 公司开发的专业设计排版软件。它功能强大，易学易用，深受版式编排人员和平面设计师的喜爱。目前，我国很多中等职业院校的数字艺术类专业都将 InDesign 作为一门重要的专业课程。本书根据《中等职业学校专业教学标准》要求编写，在人才培养目标、专业方案等方面做好顶层设计，明确专业课程标准，强化专业技能培养；根据岗位技能要求，引入企业真实案例，进行项目式教学，以期提高中等职业学校专业课的教学质量。

根据中等职业学校的教学方向和教学特色，我们对本书的编写体系做了精心的设计。全书主要根据 InDesign 的应用方向划分项目，重点项目按照"任务引入—设计理念—任务知识—任务实施—扩展实践—项目演练"的思路编排；在内容选取方面，力求全面、实用；在文字表述方面，强调言简意赅、通俗易懂；在案例设计方面，突出案例的针对性和真实性。

本书微课视频可登录人邮学院（www.rymooc.com）搜索书名观看。除了书中所有案例的素材及效果文件，本书还配备 PPT 课件、教学大纲、教案等丰富的教学资源，任课教师可登录人邮教育社区（www.ryjiaoyu.com）免费下载。本书的参考学时为 58 学时，各项目的参考学时见下面的学时分配表。

项目	课程内容	学时分配
项目 1	发现排版之美——排版基础	2
项目 2	熟悉设计工具——InDesign 基础操作	6
项目 3	基础绘图技巧——绘制和编辑图形	6
项目 4	高级绘图技巧——路径编辑与复合形状	6
项目 5	图像效果应用技巧——填充与效果	6
项目 6	文本编辑方法——文本与文本效果	6
项目 7	版式编排应用技巧——字符与段落格式	6
项目 8	表格与图层编辑方法——表格与图层面板	6

续表

项目	课程内容	学时分配
项目 9	页面布局应用技巧——版面布局与主页	6
项目 10	书刊编排应用技巧——目录制作与书刊编排	6
项目 11	商业设计应用技巧——综合设计实训	2
学时总计		58

本书由马云犀任主编，周绪霞、王艳宇、古小芬任副主编。由于编者水平有限，书中难免存在疏漏和不足之处，敬请广大读者批评指正。

编者

2022 年 12 月

目 录
CONTENTS

项目1

发现排版之美——
排版基础

01

随着信息技术的不断发展，排版的技术与审美标准也在相应提升，从事排版工作的相关人员需要系统地学习排版的应用技术与技巧。本项目对排版的相关应用及工作流程进行系统讲解。通过本项目的学习，读者可以对排版有一个初步的认识，这有助于高效、便利地进行后续的排版工作。

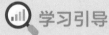 学习引导

📺 知识目标

- 了解排版的相关应用
- 明确排版的工作流程

🗂 能力目标

- 掌握排版设计素材的搜集方法

📝 素养目标

- 培养对排版的基本兴趣
- 提高对排版的审美水平

任务 1.1　了解排版的相关应用

1.1.1　任务引入

本任务要求读者首先了解排版的相关应用；然后通过在花瓣网采集海报设计作品，了解排版技术的具体应用。

1.1.2　任务知识：排版的相关应用

❶ 卡片设计

卡片是人们增进交流的一种载体，是传递信息、交流情感的一种方式。卡片的种类繁多，有邀请卡、生日卡及节日贺卡等。运用排版技术可以设计并制作多种风格和不同特色的卡片，如图 1-1 所示。

图 1-1

❷ 海报设计

海报是广告艺术中的一种大众化载体，又名"招贴"或"宣传画"。海报具有尺寸大、风格多样、艺术性较强等特点，因此在宣传媒介中占有极其重要的位置，运用排版技术可以设计并制作多种尺寸和表现形式的海报，如图 1-2 所示。

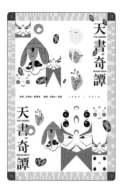

图 1-2

③ 广告设计

广告以多样的形式出现在大众生活中，常通过移动设备、电视、报纸及户外灯箱等媒介来发布。运用排版艺术进行广告设计可以更灵活地进行版式编排，更高效地传播和推广内容，如图1-3所示。

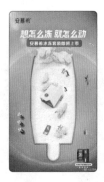

图1-3

④ 宣传单设计

宣传单是直销广告的一种，对宣传活动和促销商品有着重要的作用。宣传单常通过派送、邮递等形式发放，可以准确地将信息传达给目标受众。运用排版技术可以便捷地设计并制作各种样式的宣传单，如图1-4所示。

图1-4

⑤ 画册设计

画册可以起到有效宣传企业、产品、文化和服务等内容的作用，能够提高企业的知名度和产品的认知度。运用排版艺术设计制作的画册，其版式的编排会更加丰富多样，内容的表现会更加有条不紊，如图1-5所示。

图1-5

6 包装设计

包装是商品的外在形象，可以起到保护商品、美化商品、提高商品价值及传达商品信息的作用。好的包装可以让商品在同类产品中脱颖而出，成功吸引消费者注意力并增强其购买欲望。运用排版技术可以完成包装设计平面图、模切图、效果图的设计与制作，如图1-6所示。

图1-6

7 杂志设计

杂志具有目标受众明确、时效性强、宣传力度大、效果明显等特点。运用排版技术设计制作的杂志，其版式编排灵活多变、设计风格整体性强、色彩运用丰富活泼，如图1-7所示。

图1-7

8 书籍设计

书籍是人类文明的积淀，是思想、文化、知识、经验得以保存的载体，是人类进步的重要标志之一。运用排版技术设计制作的书籍，其内容丰富多彩，外观灵活新颖，如图1-8所示。

图1-8

1.1.3 任务实施

（1）打开花瓣网官网，单击右侧的"登录/注册"按钮，如图 1-9 所示，在弹出的对话框中选择登录方式并登录，如图 1-10 所示。

图 1-9　　　　　　　　　　　　　图 1-10

（2）在搜索框中输入关键词"节气海报"，如图 1-11 所示，按 Enter 键开始搜索。

图 1-11

（3）选择搜索结果界面左上角的"画板"选项，选择需要的类别，如图 1-12 所示。

图 1-12

（4）在需要采集的画板上单击，在跳转的页面中选择需要的图片，单击"采集"按钮，如图 1-13 所示。在弹出的对话框中输入名称，单击下方的"创建画板'海报设计'"按钮，新建画板，单击"采下来"按钮，将需要的图片采集到画板中，如图 1-14 所示。

图 1-13　　　　　　　　图 1-14

任务 1.2   明确排版的工作流程

1.2.1   任务引入

本任务要求读者首先了解排版的工作流程，然后通过在花瓣网搜索企业画册的设计素材，掌握素材的搜集方法，提高审美水平。

1.2.2   任务知识：排版的工作流程

排版的基本工作流程分为需求分析、素材收集、草稿设计、版面编排、审核修改、完稿验收 6 步，如图 1-15 所示。

需求分析

素材收集

草稿设计

版面编排

审核修改

完稿验收

图 1-15

1.2.3   任务实施

（1）打开花瓣网官网，单击右侧的"登录 / 注册"按钮，如图 1-16 所示，在弹出的对话框中选择登录方式并登录，如图 1-17 所示。

图 1-16　　　　　　　　　　　　　　　　　　　图 1-17

（2）在搜索框中输入关键词"企业画册设计"，如图 1-18 所示，按 Enter 键开始搜索。

图 1-18

（3）选择搜索结果界面左上角的"画板"选项，选择需要的类别，如图 1-19 所示。

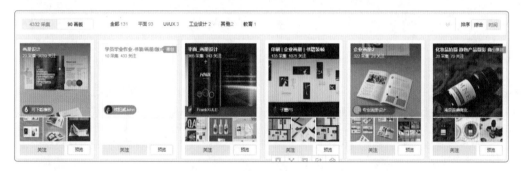

图 1-19

（4）在需要采集的画板上单击，在跳转的页面中选择需要的图片，单击"采集"按钮，如图 1-20 所示。在弹出的对话框中输入名称，单击下方的"创建画板'画册设计'"按钮，新建画板，单击"采下来"按钮，将需要的图片采集到画板中，如图 1-21 所示。

图 1-20　　　　　　　　　　　　　图 1-21

项目2

熟悉设计工具——
InDesign基础操作

02

本项目介绍InDesign CC 2019中文版的界面，对工具箱、面板、文件、图像的基本操作等进行详细的讲解。通过本项目的学习，读者可以了解InDesign CC 2019的基本功能，为进一步学习InDesign CC 2019打下坚实的基础。

学习引导

知识目标

- 熟悉 InDesign CC 2019 的界面
- 了解图像的显示与视图的显示

能力目标

- 掌握 InDesign CC2019 面板的操作方法
- 掌握文件的设置方法
- 掌握视图与页面窗口的设置方法

素养目标

- 提高软件操作的熟练程度

任务 2.1　熟悉软件界面及基础操作

2.1.1　任务引入

本任务要求读者首先熟悉 InDesign CC 2019 的界面及基础操作，然后通过改变图形的颜色，熟悉面板的使用方法。

2.1.2　任务知识：InDesign CC 2019 的界面及基础操作

① 界面介绍

InDesign CC 2019 的界面主要由菜单栏、控制面板、标题栏、工具箱、面板、页面区域、滚动条、泊槽和状态栏等部分组成，如图 2-1 所示。下面对其中的重点部分进行介绍。

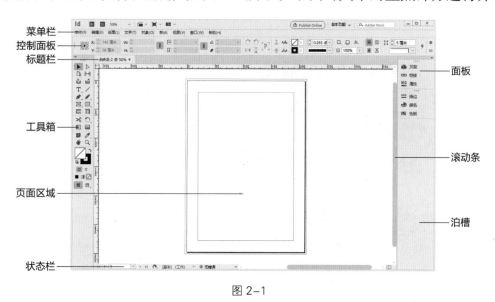

图 2-1

② 菜单栏及其快捷方式

熟练地使用菜单栏能够快速、有效地完成绘制和编辑任务，提高排版效率。下面对菜单栏及其相应的快捷方式进行详细介绍。

InDesign CC 2019 中的菜单栏包含"文件""编辑""版面""文字""对象""表""视图""窗口""帮助"9 个菜单。单击任意一个菜单均可弹出下拉菜单，如单击"版面"菜单，弹出如图 2-2 所示的下拉菜单。

图 2-2

下拉菜单的左侧是命令的名称，命令的右侧是对应的快捷键，使用快捷键执行命令，可以提高操作速度。例如，"版面 > 转到页面"命令的快捷键为 Ctrl+J。

有些命令的右侧有向右的黑色箭头"❯"图标，表示该命令还有相应的子菜单，单击该图标即可弹出相应的子菜单。有些命令的后面有省略号"…"，表示单击该命令会弹出对话框，可以在对话框中进行更详尽的设置。有些命令呈灰色，表示其在当前状态下不可用，这些命令需要选取相应的对象或进行合适的设置后才能使用。

③ 工具箱

InDesign CC 2019 工具箱中的工具具有强大的功能，这些工具可以用来编辑文字、形状、线条、渐变等页面元素，如图 2-3 所示。

工具箱不能像其他面板一样进行堆叠、连接操作，但是可以通过单击工具箱上方的按钮 ▸▸ 或 ◂◂ 实现双栏或单栏显示；也可以拖曳工具箱的标题栏到页面区域，将其变为活动面板。单击工具箱上方的按钮 ▾ 可以在垂直、水平和双栏 3 种外观间切换。工具箱中部分工具图标的右下角带有黑色三角形 ◢，表示这是可展开的工具组，在图标上按住鼠标左键即可将相应工具组展开，如图 2-4 所示。

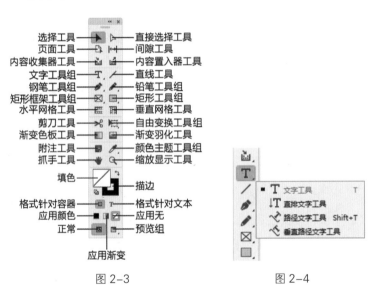

图 2-3   图 2-4

④ 控制面板

当用户选择不同的对象时，InDesign CC 2019 的控制面板将显示不同的选项，如图 2-5、图 2-6 所示。

图 2-5

图 2-6

使用工具绘制对象时，可以在控制面板中设置所绘制对象的属性。

提示　　当控制面板中的选项发生改变时，可以通过工具提示来了解有关的每一个选项的更多信息；将鼠标指针悬停在工具箱中的某个工具上，工具提示便会自动出现。

❺ 面板

InDesign CC 2019 的"窗口"菜单提供了多种面板，主要有附注、渐变、交互、链接、描边、任务、色板、输出、属性、图层、文本绕排、文字和表、效果、信息、颜色、页面等。

◎ 显示某个面板及其所在的面板组

在"窗口"菜单中选择面板的名称可以显示对应面板及其所在的面板组；若要隐藏面板，则在"窗口"菜单中再次单击面板的名称。如果面板已经在页面上显示，那么"窗口"菜单中的对应的面板命令前会显示"√"。

提示　　按 Shift+Tab 组合键可以显示或隐藏除控制面板和工具箱外的所有面板；按 Tab 键可以隐藏所有面板和工具箱。

◎ 移动面板与面板组

在面板组中，单击面板的名称标签，对应的面板就会被选取并显示为可操作的状态，如图 2-7 所示。把某个面板拖到面板组的外面，如图 2-8 所示，该面板将变成浮动的面板，如图 2-9 所示。

图 2-7　　　　　　　　　　图 2-8　　　　　　　　　　图 2-9

按住 Alt 键，拖动面板组中任意一个面板的标签，可以移动整个面板组。

◎ 改变面板的高度和宽度

单击面板中的"折叠为图标"按钮 ◄◄，可以将面板折叠为图标；单击"展开面板"按钮 ►►，可以使面板恢复默认大小。

如果需要改变面板的高度和宽度，可以将鼠标指针放置在面板右下角，当鼠标指针变为 图标时，按住鼠标左键并拖曳鼠标指针缩放面板。

以"色板"面板为例，原面板效果如图2-10所示，将鼠标指针放置在面板右下角，当鼠标指针变为⤢图标时，按住鼠标左键并拖曳鼠标指针到适当的位置，如图2-11所示；松开鼠标左键完成面板高度和宽度的调整，如图2-12所示。

图2-10　　　　　　　　　图2-11　　　　　　　　　图2-12

◎ 将面板收缩到泊槽

在泊槽中的某个面板标签上按住鼠标左键，将其拖曳到页面区域，如图2-13所示；松开鼠标左键，可以将相应面板转换为浮动面板，如图2-14所示。在页面区域的浮动面板标签上按住鼠标左键，将其拖曳到泊槽中，如图2-15所示；松开鼠标左键，可以将相应浮动面板转换为缩进面板，如图2-16所示。拖曳缩进到泊槽中的面板标签，将其放到其他的缩进面板中，可以组合出新的缩进面板组，使用此方法可以将多个缩进面板合并为一组。

图2-13　　　　　　　　图2-14　　　　　　　　图2-15　　　　　　　　图2-16

⑥ 状态栏

状态栏在界面的最下面，包括两个部分，如图2-17所示。

显示当前文档的所属页面　　　　　　　拖曳滚动条浏览整个图像

图2-17

2.1.3 任务实施

（1）打开InDesign CC 2019，选择"文件 > 打开"命令，弹出"打开"对话框。选择云盘中的"Ch02 > 效果 > 2.1-组合卡通形象.indd"文件，单击"打开"按钮打开文件，如

图 2-18 所示。

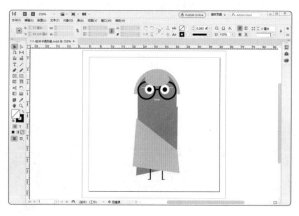

图 2-18

（2）选择工具箱中的"选择"工具 ▶，选取身体图形，如图 2-19 所示。按 Ctrl+C 组合键，复制图形。按 Ctrl+N 组合键，弹出"新建文档"对话框，设置如图 2-20 所示。单击"边距和分栏"按钮，弹出"新建边距和分栏"对话框，设置如图 2-21 所示。单击"确定"按钮，新建一个页面。按 Ctrl+V 组合键，将复制的图形粘贴到新建的页面中，如图 2-22 所示。

图 2-19

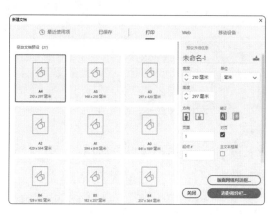

图 2-20

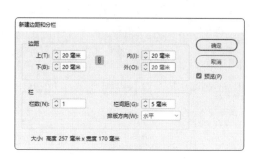

图 2-21

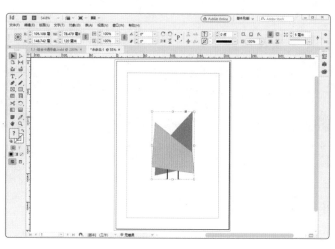

图 2-22

（3）在菜单栏中选择"对象 > 取消编组"命令，取消对象的编组状态。选择"选择"工具 ▶，选取最上方的橘黄色图形，如图 2-23 所示。单击页面区域右侧的"颜色"按钮 ，弹出"颜色"面板，在其中设置需要的颜色值，如图 2-24 所示，按 Enter 键确认设置，效果如图 2-25 所示。

图 2-23　　　　　　　　图 2-24　　　　　　　　图 2-25

（4）按 Ctrl+S 组合键，弹出"存储为"对话框，设置好存储路径和文件名后单击"保存"按钮保存文件。

任务 2.2　掌握文件的基本操作

2.2.1　任务引入

本任务要求读者首先熟悉文件的设置方法，然后通过打开文件熟练掌握打开命令；通过新建文件熟练掌握新建命令；通过关闭新建文件，熟练掌握保存和关闭命令。

2.2.2　任务知识：文件的设置方法

① 新建文件

新建文档是设计制作的第一步，下面介绍具体的方法。

选择"文件 > 新建 > 文档"命令或按 Ctrl+N 组合键，弹出"新建文档"对话框，在对话框中，用户可以根据需要单击上方的类别选项卡新建文档，如图 2-26 所示。在右侧的"预设详细信息"区域中可修改文档的名称、宽度、高度、单位、方向和页面等预设数值。

单击"出血和辅助信息区"左侧的箭头按钮 ，展开"出血和辅助信息区"设置区，如图 2-27 所示，可以在其中设置出血及辅助信息区的尺寸。

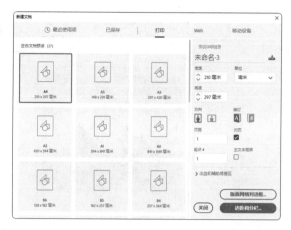

图 2-26

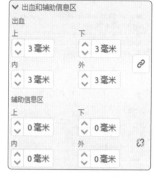

图 2-27

 提示　设置出血是为了避免在裁切带有超出成品边缘的图片或背景的作品时，因裁切的误差而露出白边所采取的预防措施，通常是在成品页面外扩展 3 毫米。

在"新建文档"对话框中单击"边距和分栏"按钮，弹出"新建边距和分栏"对话框。在该对话框中的"边距"选项组中设置页面边空的尺寸，包括"上""下""内""外"边距的值，如图 2-28 所示；在"栏"选项组中可以设置栏数、栏间距和排版方向。设置需要的数值后，单击"确定"按钮，新建一个页面。在新建的页面中，"上""下""内""外"页边距如图 2-29 所示。

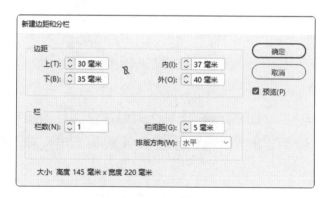

图 2-28

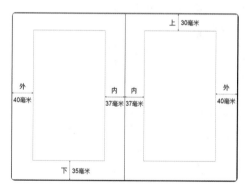

图 2-29

❷ 打开文件

选择"文件 > 打开"命令或按 Ctrl+O 组合键，弹出"打开文件"对话框，如图 2-30 所示。在对话框中选择要打开的文件，单击"打开"按钮，软件就会显示打开的文件，如图 2-31 所示；也可以直接双击文件名来打开文件。

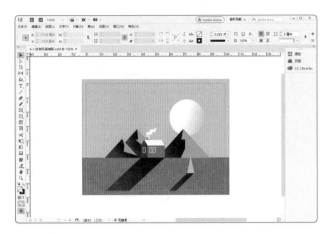

图 2-30   图 2-31

❸ 保存文件

如果是新创建的或无须保留原文件的设计，可以使用"存储"命令直接进行保存；如果想要将打开的文件进行修改或编辑后，用不替代原文件的方式进行保存，则需要使用"存储为"命令。

◎ 保存新创建的文件

选择"文件 > 存储"命令或按 Ctrl+S 组合键，弹出"存储为"对话框，在该对话框中选择文件要保存的位置，在"文件名"文本框中输入文件名，在"保存类型"下拉列表中选择文件保存的类型，如图 2-32 所示，单击"保存"按钮，将文件保存。

 提示   第 1 次保存文件时，InDesign CC 2019 会提供默认的文件名"未命名 -1"。

◎ 另存已有文件

选择"文件 > 存储为"命令，弹出"存储为"对话框，在该对话框中选择文件的保存位置并输入新的文件名，再选择保存类型，单击"保存"按钮，如图 2-33 所示。用这种方法保存的文件不会替代原文件。

图 2-32   图 2-33

❹ 置入文件

使用"置入"命令是将图像导入 InDesign 的主要方法，它可以在分辨率、文件格式、多页面 PDF 和颜色方面提供较高级别的支持。如果所创建文档并不注重这些特性，则可以通过复制和粘贴操作将图像导入 InDesign 中。所有置入的文件都会被列在"链接"面板中。

◎ 置入图像

在页面区域中不选取任何内容，如图 2-34 所示。选择"文件 > 置入"命令，弹出"置入"对话框，从中选择需要置入的文件，单击"打开"按钮，如图 2-35 所示，在页面中单击置入图像，效果如图 2-36 所示。

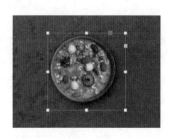

图 2-34　　　　　　　　　　　图 2-35　　　　　　　　　　　图 2-36

选择"选择"工具 ，在页面区域选取图框，如图 2-37 所示。选择"文件 > 置入"命令，弹出"置入"对话框，在对话框中选择需要置入的文件，单击"打开"按钮，如图 2-38 所示，在图框中单击置入图像，效果如图 2-39 所示。

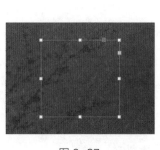
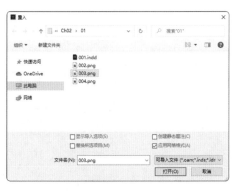
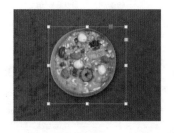

图 2-37　　　　　　　　　　　图 2-38　　　　　　　　　　　图 2-39

选择"选择"工具 ，在页面区域选取图像，如图 2-40 所示。选择"文件 > 置入"命令，弹出"置入"对话框，在对话框中选择需要置入的文件，勾选"替换所选项目"复选框，如图 2-41 所示，单击"打开"按钮，在页面区域单击置入图像，效果如图 2-42 所示。

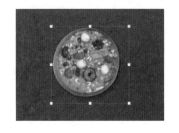
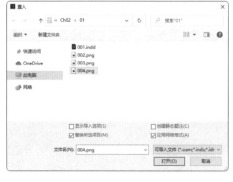

图 2-40   图 2-41   图 2-42

◎ 链接面板

在 InDesign CC 2019 中，置入图像有两种形式，即链接图像和嵌入图像。当以链接图像的形式置入图像时，图像的原始文件并没有真正被复制到文档中，而是为原始文件创建了一个链接（或称文件路径）。当以嵌入图像的形式置入图像时，会增加文档文件的大小并断开指向原始文件的链接。选择"窗口 > 链接"命令，弹出"链接"面板，如图 2-43 所示。

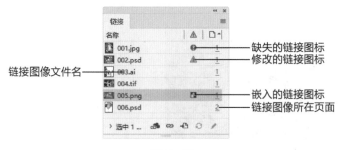

图 2-43

"链接"面板中链接文件的各显示状态的含义如下。

● 最新：最新的文件只显示文件的名称及它在文档中所处的页面。

● 修改：修改的文件会显示⚠图标；此图标意味着磁盘上的文件版本比当前文档中的版本新。

● 缺失：缺失的文件会显示❓图标；此图标表示图像不再位于导入时的位置，但仍存在于某个地方；在显示此图标的状态下可能无法以全分辨率打印或导出文件。

● 嵌入：嵌入的文件显示🔳图标；嵌入链接文件会导致该链接的管理操作暂停。

提示   如果置入的位图图像小于或等于 48kB，InDesign 将自动嵌入图像；如果图像没有链接，当原始文件发生更改时，"链接"面板不会发出警告，并且无法自动更新相应文件。

⑤ 关闭文件

选择"文件 > 关闭"命令或按 Ctrl+W 组合键，可以关闭文件。如果文档没有保存，将会弹出提示对话框，如图 2-44 所示。单击"是"按钮，将在关闭之前对文档进行保存；单击"否"按钮，将在关闭时不保存文档；单击"取消"按钮，将取消当前操作，文档不会关闭，也不会进行保存操作。

图 2-44

2.2.3　任务实施

（1）打开 InDesign CC 2019，选择"文件 > 打开"命令，弹出"打开文件"对话框，如图 2-45 所示。选择云盘中的"Ch02 > 效果 > 2.2-绘制闹钟图标 .indd"文件，单击"打开"按钮打开文件，如图 2-46 所示。

图 2-45

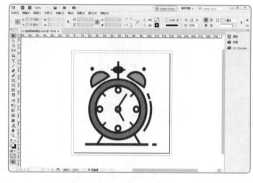

图 2-46

（2）按 Ctrl+A 组合键全选图形，如图 2-47 所示。按 Ctrl+C 组合键复制图形。选择"文件 > 新建 > 文档"命令，弹出"新建文档"对话框，设置如图 2-48 所示。单击"边距和分栏"按钮，弹出"新建边距和分栏"对话框，设置如图 2-49 所示。单击"确定"按钮，新建一个页面。

（3）按 Ctrl+V 组合键，将复制的图形粘贴到新建的页面中。按 Shift+Ctrl+G 组合键，取消图形编组，如图 2-50 所示。单击标题栏中新建页面文件名右侧的按钮 ，弹出提示对话框，如图 2-51 所示。单击"是"按钮，弹出"存储为"对话框，设置如图 2-52 所示，单击"保存"按钮。

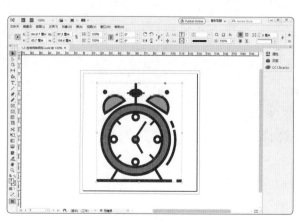

图 2-47

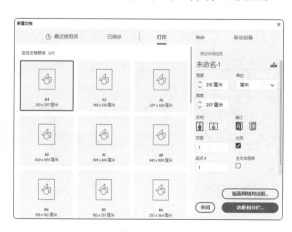

图 2-48

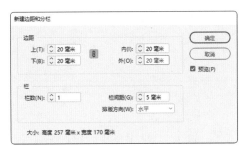

图 2-49

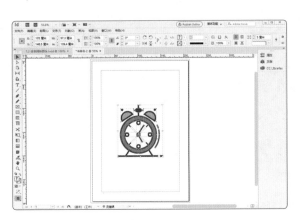

图 2-50

图 2-51

图 2-52

（4）单击标题栏文件名右侧的按钮 ⊠，关闭打开的"2.2- 绘制闹钟图标"文件。单击菜单栏右侧的"关闭"按钮 ⊠，关闭软件。

任务 2.3　掌握显示图像的基本操作

2.3.1　任务引入

本任务要求读者首先熟悉视图与窗口的基本操作，然后通过窗口层叠显示命令，掌握窗口排列的方法；通过缩小文件，掌握图像的显示方式；通过更改图像的显示设置，掌握图像显示品质的切换方法。

2.3.2　任务知识：视图与窗口的基本操作

1　图像的显示

图像的显示主要有快速显示、典型显示和高品质显示 3 种，如图 2-53 所示。

快速显示   典型显示   高品质显示

图 2-53

- 快速显示是将栅格图或矢量图显示为灰色块。

- 典型显示是显示低分辨率的图像,用于点阵图或矢量图的识别和定位。典型显示是默认选项,是显示可识别图像的最快方式。

- 高品质显示是将栅格图或矢量图以高分辨率的形式显示。这一选项提供最高的显示质量,但其显示速度最慢。当需要做局部微调时,可使用这一选项。

图像显示选项不会影响 InDesign 文档本身在输出或打印时的图像质量。因为在打印到 PostScript 设备或者导出为 EPS 或 PDF 文件时,最终的图像分辨率取决于在打印或导出时设置的输出选项。

② 视图的显示

"视图"菜单中可以选择预定视图来显示页面或粘贴板。选择某个预定视图后,页面将保持相应的视图效果,直到再次改变预定视图为止。

◎ 显示整页

选择"视图 > 使页面适合窗口"命令,可以使页面适合窗口显示,如图 2-54 所示。选择"视图 > 使跨页适合窗口"命令,可以使对开页适合窗口显示,如图 2-55 所示。

图 2-54   图 2-55

◎ 显示实际大小

选择"视图 > 实际尺寸"命令,可以在窗口中显示页面的实际大小,也就是使页面以 100% 比例显示,如图 2-56 所示。

◎ 显示完整粘贴板

选择"视图＞完整粘贴板"命令，可以查找或浏览粘贴板上的全部对象，此时屏幕中显示的是缩小的页面和整个粘贴板，如图 2-57 所示。

图 2-56

图 2-57

◎ 放大或缩小页面视图

选择"视图＞放大（或缩小）"命令，可以将当前页面视图放大或缩小，也可以选择"缩放显示"工具 🔍。

当页面中的"缩放显示"工具图标变为 🔍 图标时，单击可以放大页面视图；当按住 Alt 键，页面中的"缩放显示"工具图标变为 🔍 图标时，单击可以缩小页面视图。

选择"缩放显示"工具 🔍，按住鼠标左键沿着想放大的区域拖曳可绘制出一个虚线框，如图 2-58 所示，虚线框范围内的内容会被放大显示，效果如图 2-59 所示。

图 2-58

图 2-59

按 Ctrl+ + 组合键，可以对页面视图按比例进行放大；按 Ctrl+ – 组合键，可以对页面视图按比例进行缩小。

在页面中单击鼠标右键，将弹出图 2-60 所示的快捷菜单，在快捷菜单中可以选择相应命令对页面视图进行编辑。

选择"抓手"工具 ✋，在页面中按住鼠标左键并拖曳鼠标指针可以对窗口中的页面进行移动。

图 2-60

③ 预览文档

工具箱中的预览工具可以用来预览文档，如图 2-61 所示。

* 正常：单击工具箱底部的正常显示模式按钮 ▣，文档将以正常显示模式显示。

图 2-61

* 预览：单击工具箱底部的预览显示模式按钮 ▣，文档将以预览显示模式显示，可以显示文档的实际效果。

* 出血：单击工具箱底部的出血显示模式按钮 ▣，文档将以出血显示模式显示，可以显示文档及其出血（即超出版心）部分的效果。

* 辅助信息区：单击工具箱底部的辅助信息区按钮 ▣，可以显示文档制作为成品后的效果。

* 演示文稿：单击工具箱底部的演示文稿按钮 ▣，文档以演示文稿的形式显示；在演示文稿显示模式下，应用程序菜单、面板、参考线及框架边缘都是隐藏的。

选择"视图 > 屏幕模式 > 预览"命令，如图 2-62 所示，也可显示预览效果，如图 2-63 所示。

图 2-62

图 2-63

4 窗口的显示

排版文件的窗口显示主要有层叠和平铺两种。

选择"窗口 > 排列 > 层叠"命令，可以将打开的几个排版文件层叠在一起，只显示位于窗口最上面的文件，如图2-64所示。如果要切换需要操作的文件，单击相应文件名就可以了。

选择"窗口 > 排列 > 平铺"命令，可以将打开的几个排版文件以水平平铺的方式显示在窗口中，效果如图2-65所示。

 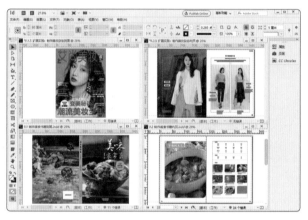

图2-64　　　　　　　　　　　　　　　　　　　图2-65

选择"窗口 > 排列 > 新建窗口"命令，可以将打开的文件复制一份。

5 显示或隐藏框架边缘

InDesign CC 2019 在默认状态下，即使图形没有被选择，其框架边缘也会显示出来，这样在绘制过程中易使页面显示混乱，不易编辑。此时可以通过使用"隐藏框架边缘"命令隐藏框架边缘来简化屏幕显示。

在页面中绘制一个图形，如图2-66所示，选择"视图 > 其他 > 隐藏框架边缘"命令，隐藏页面中图形的框架边缘，效果如图2-67所示。

 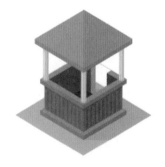

图2-66　　　　　　　　　　　图2-67

2.3.3 任务实施

（1）打开云盘中的"Ch02 > 效果 > 2.3-绘制休闲卡通插画.indd"文件，如图2-68所示。

新建 3 个文件，并分别将锅、树和背景复制到新建的文件中，如图 2-69 ~ 图 2-71 所示。

图 2-68

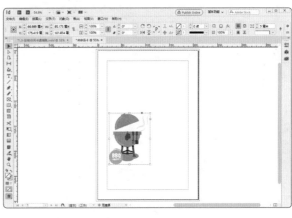

图 2-69

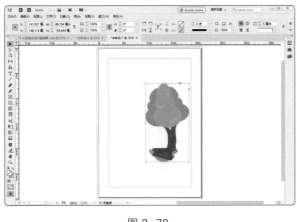

图 2-70

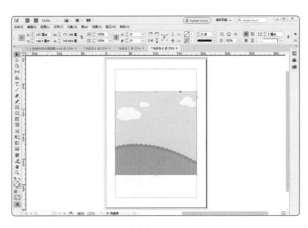

图 2-71

（2）选择"窗口 > 排列 > 全部在窗口中浮动"命令，可将 4 个窗口在软件中层叠显示，如图 2-72 所示。单击"2.3- 绘制休闲卡通插画"窗口的标题栏，将该窗口显示在前面，如图 2-73 所示。

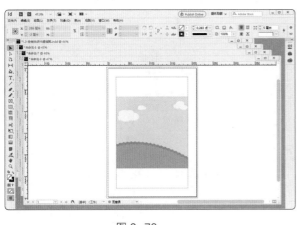

图 2-72

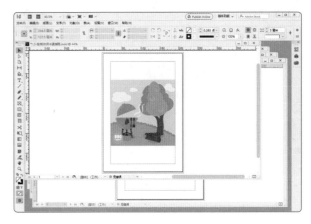

图 2-73

（3）选择"缩放显示"工具，在页面中单击，使画面放大，如图 2-74 所示。按住 Alt 键不放，多次单击将画面缩小到适当的大小，如图 2-75 所示。

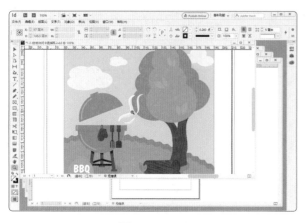
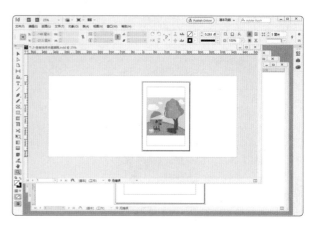

图 2-74　　　　　　　　　　　　　　　图 2-75

（4）双击"抓手"工具 ，将图像调整为适合窗口大小显示，如图 2-76 所示。

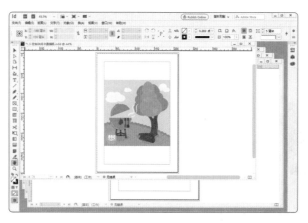

图 2-76

（5）选择"视图 > 显示性能 > 快速显示"命令，图像如图 2-77 所示。选择"视图 > 显示性能 > 高品质显示"命令，图像如图 2-78 所示。

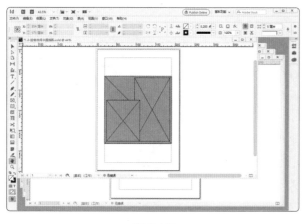
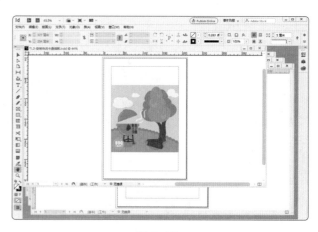

图 2-77　　　　　　　　　　　　　　　图 2-78

项目3

基础绘图技巧——绘制和编辑图形

03

本项目介绍InDesign CC 2019中绘制和编辑图形的相关操作。通过本项目的学习，读者可以掌握绘制、编辑图形的方法和技巧，能够绘制出漂亮的图形。

学习引导

知识目标
- 认识常用的绘图工具

能力目标
- 掌握基础图形的绘制方法
- 掌握编辑图形的方法和技巧

素养目标
- 培养对基础图形的应用能力

实训项目
- 绘制卡通船图标
- 绘制动物图标

任务 3.1　绘制卡通船图标

3.1.1　任务引入

本任务是为某航海类儿童读物绘制一幅卡通插图，要求设计简洁、大方、生动、形象。

3.1.2　设计理念

设计时，使用简单的图形拼凑一个简单的卡通船形象，大胆采用亮丽的颜色，使图形极具特色，散发出童真、活泼的气息。整体造型设计形象生动，富有创意。最终效果参看云盘中的"Ch03 > 效果 > 3.1- 绘制卡通船"，如图 3-1 所示。

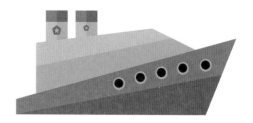

图 3-1

3.1.3　任务知识：绘图工具

① 矩形和正方形

◎ 直接拖曳绘制矩形

选择"矩形"工具▣，鼠标指针变成-¦-形状，按住鼠标左键，将鼠标指针拖曳到合适的位置，如图 3-2 所示，松开鼠标左键，绘制出一个矩形，如图 3-3 所示。鼠标指针的起点与终点决定矩形的大小。在按住 Shift 键的同时按住鼠标左键拖曳鼠标指针可以绘制出一个正方形，如图 3-4 所示。

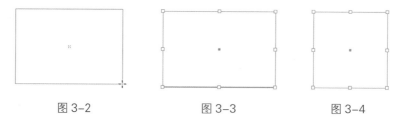

图 3-2　　　　　　　图 3-3　　　　　　　图 3-4

在按住 Shift+Alt 组合键的同时，在页面中拖曳鼠标指针，可以当前点为中心绘制正方形。

◎ 使用对话框精确绘制矩形

选择"矩形"工具▣，在页面中单击，弹出"矩形"对话框，在其中设置需要的数值，如图 3-5 所示，单击"确定"按钮，页面单击处就会出现需要的矩形，如图 3-6 所示。

图 3-5 图 3-6

◎ 使用角选项命令制作矩形角的变形

选择"选择"工具 ▶，选取绘制好的矩形，选择"对象＞角选项"命令，弹出"角选项"对话框，在其中进行相应设置，单击"确定"按钮，完成矩形角的变形制作，效果如图 3-7 所示。

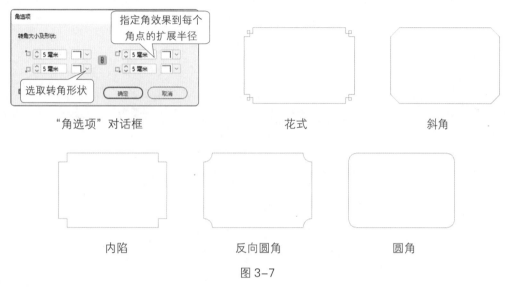

"角选项"对话框   花式   斜角

内陷   反向圆角   圆角

图 3-7

◎ 直接拖曳制作矩形角的变形

选择"选择"工具 ▶，选取绘制好的矩形，如图 3-8 所示，在矩形的黄色点上单击，如图 3-9 所示，4 个角点处于可编辑状态，如图 3-10 所示，向内拖曳其中任意的一个点，如图 3-11 所示，可对矩形角进行变形，松开鼠标左键，效果如图 3-12 所示。在按住 Alt 键的同时，单击任意一个黄色点，可在 5 种角中交替变形，如图 3-13 所示。在按住 Alt+Shift 组合键的同时，单击任意一个黄色点，可使选取的点在 5 种角中交替变形，如图 3-14 所示。

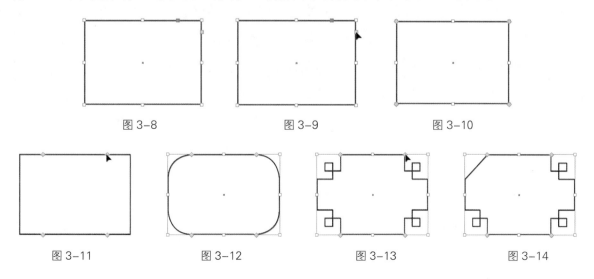

图 3-8   图 3-9   图 3-10

图 3-11   图 3-12   图 3-13   图 3-14

② **椭圆和圆形**

◎直接拖曳绘制椭圆

选择"椭圆"工具 ◎，鼠标指针变成-¦-形状，按住鼠标左键，将鼠标指针拖曳到合适的位置，如图 3-15 所示，松开鼠标左键，绘制出一个椭圆，如图 3-16 所示。鼠标指针的起点与终点决定椭圆的大小和形状。在按住 Shift 键的同时按住鼠标左键拖曳鼠标指针，可以绘制出一个圆形，如图 3-17 所示。

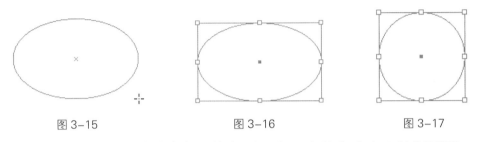

图 3-15   图 3-16   图 3-17

在按住 Alt+Shift 组合键的同时拖曳，将在页面中以当前点为中心绘制圆形。

◎ 使用对话框精确绘制椭圆

选择"椭圆"工具 ◎，在页面中单击，弹出"椭圆"对话框，在其中设置需要的数值，如图 3-18 所示，单击"确定"按钮，页面单击处就会出现需要的椭圆，如图 3-19 所示。

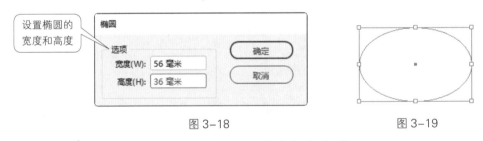

图 3-18   图 3-19

椭圆和圆形可以应用角效果，但是其形状不会有任何变化。

③ **多边形**

◎直接拖曳绘制多边形

选择"多边形"工具 ◎，鼠标指针变成-¦-形状，按住鼠标左键，将鼠标指针拖曳到适当的位置，如图 3-20 所示，松开鼠标左键，绘制出一个多边形，如图 3-21 所示。鼠标指针的起点与终点决定多边形的大小和形状。软件默认的边数值为 6。在按住 Shift 键的同时拖曳鼠标指针，可以绘制出一个正多边形，如图 3-22 所示。

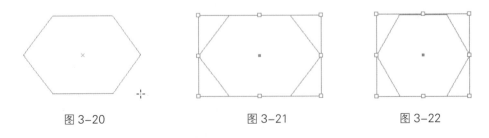

图 3-20   图 3-21   图 3-22

在按住 Alt+Shift 组合键的同时拖曳，将在页面中以当前点为中心绘制正多边形。

◎ 使用对话框精确绘制多边形

双击"多边形"工具 ⬡，弹出"多边形设置"对话框，在其中设置需要的数值，如图 3-23 所示，单击"确定"按钮，在页面中按住鼠标左键拖曳鼠标指针，可以绘制出需要的多边形，如图 3-24 所示。

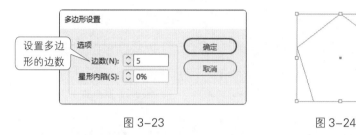

图 3-23   图 3-24

选择"多边形"工具 ⬡，在页面中单击，弹出"多边形"对话框，在其中设置需要的数值，如图 3-25 所示，单击"确定"按钮，页面单击处就会出现需要的多边形，如图 3-26 所示。

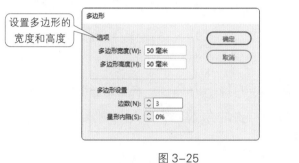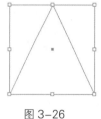

图 3-25   图 3-26

◎ 使用角选项命令制作多边形角的变形

选择"选择"工具 ▶，选取绘制好的多边形，选择"对象 > 角选项"命令，弹出"角选项"对话框，在"形状"选项中分别选取需要的角效果，单击"确定"按钮。图 3-27 所示为六边形的变形效果。

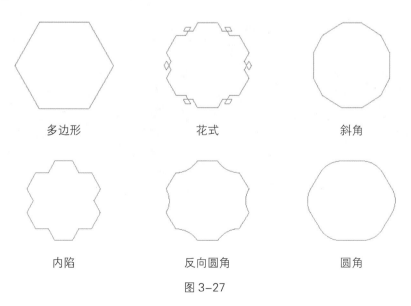

多边形   花式   斜角

内陷   反向圆角   圆角

图 3-27

4 星形

◎ 使用多边形工具绘制星形

双击"多边形"工具 ⬡，弹出"多边形设置"对话框，在其中设置需要的数值，如图 3-28 所示，单击"确定"按钮，在页面中按住鼠标左键并拖曳鼠标指针，即可绘制出五角星形，如图 3-29 所示。

选择"多边形"工具 ⬡，在页面中单击，弹出"多边形"对话框，在对话框中设置多边形的宽度、高度、边数和星形内陷，如图 3-30 所示，单击"确定"按钮，即可在页面单击处得到需要的八角星形，如图 3-31 所示。

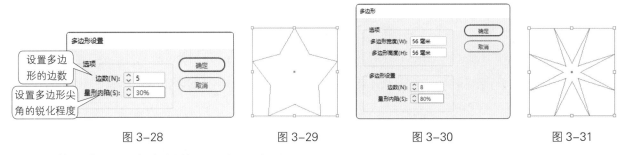

图 3-28　　　　　图 3-29　　　　　图 3-30　　　　　图 3-31

◎ 使用角选项命令制作星形角的变形

选择"选择"工具 ▶，选取绘制好的星形，选择"对象 > 角选项"命令，弹出"角选项"对话框，在"效果"选项中分别选取需要的角效果，单击"确定"按钮。为八角星形应用角变形的效果如图 3-32 所示。

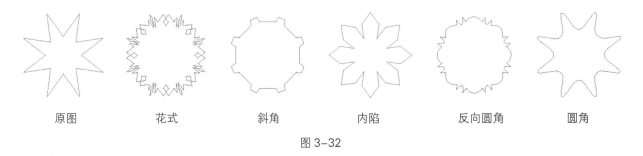

　原图　　　　　花式　　　　　斜角　　　　　内陷　　　　反向圆角　　　　圆角

图 3-32

3.1.4 任务实施

（1）选择"文件 > 新建 > 文档"命令，弹出"新建文档"对话框，设置如图 3-33 所示。单击"边距和分栏"按钮，弹出"新建边距和分栏"对话框，设置如图 3-34 所示，单击"确定"按钮，新建一个页面。选择"视图 > 其他 > 隐藏框架边缘"命令，将所绘制图形的框架边缘隐藏。

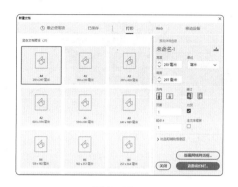
图 3-33

图 3-34

（2）选择"矩形"工具 ▣，在页面中绘制一个矩形。选择绘制的矩形，选择"窗口 > 颜色 > 颜色"命令，在弹出的"颜色"面板中，设置填充色的 CMYK 值为 40、26、25、0，设置描边色为无，效果如图 3-35 所示。

（3）选择"矩形"工具 ▣，在页面中绘制一个矩形。在"颜色"面板中，设置其填充色的 CMYK 值为 0、80、100、0，设置描边色为无，效果如图 3-36 所示。

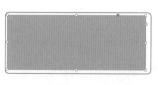
图 3-35

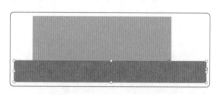
图 3-36

（4）选择"直接选择"工具 ▷，单击需要选取的锚点，如图 3-37 所示。按住鼠标左键向上拖曳鼠标指针到适当的位置，松开鼠标左键，效果如图 3-38 所示。

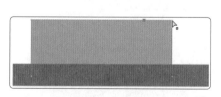
图 3-37

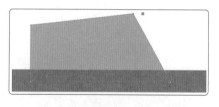
图 3-38

（5）单击需要选取的锚点，如图 3-39 所示。按住鼠标左键向上拖曳鼠标指针到适当的位置，松开鼠标左键，效果如图 3-40 所示。

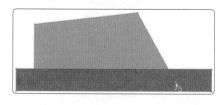
图 3-39

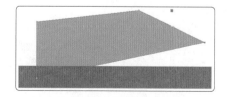
图 3-40

（6）用相同的方法调整下方矩形的锚点，效果如图 3-41 所示。选择"选择"工具 ▶，选择需要的图形，如图 3-42 所示。按 Ctrl+C 组合键复制图形。选择"编辑 > 原位粘贴"命令，原位粘贴图形。

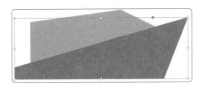
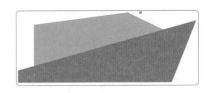

图 3-41　　　　　　　　　　　　　图 3-42

（7）在"颜色"面板中，设置填充色的 CMYK 值为 30、22、20、0，设置描边色为无，效果如图 3-43 所示。选择"直接选择"工具 ▷，选择需要的锚点，如图 3-44 所示。

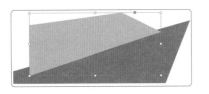
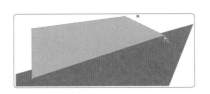

图 3-43　　　　　　　　　　　　　图 3-44

（8）按住鼠标左键向上拖曳鼠标指针到适当的位置，松开鼠标左键，效果如图 3-45 所示。用相同方法拖曳图形的其他锚点，效果如图 3-46 所示。

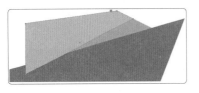
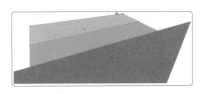

图 3-45　　　　　　　　　　　　　图 3-46

（9）选择"选择"工具 ▶，选择需要的图形，如图 3-47 所示。按 Ctrl+C 组合键复制图形。选择"编辑 > 原位粘贴"命令，原位粘贴图形。在"颜色"面板中，设置填充色的 CMYK 值为 0、90、100、15，设置描边色为无，效果如图 3-48 所示。

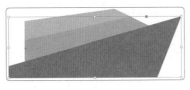
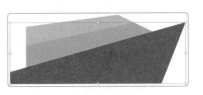

图 3-47　　　　　　　　　　　　　图 3-48

（10）选择"删除锚点"工具 ✎，将鼠标指针放置在不需要的锚点上，如图 3-49 所示，单击删除锚点，如图 3-50 所示。

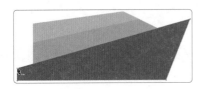

图 3-49　　　　　　　　　　　　　图 3-50

（11）选择"直接选择"工具 ▷，选择需要的锚点并将其拖曳到适当的位置，效果如图 3-51 所示。选择"矩形"工具 ▣，在页面中绘制矩形并保持矩形的选中状态。在"颜色"面板中，设置填充色的 CMYK 值为 30、22、20、0，设置描边色为无，效果如图 3-52 所示。

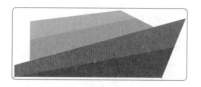

图 3-51　　　　　　　　　　　　图 3-52

（12）按 Ctrl+C 组合键复制图形。选择"编辑 > 原位粘贴"命令，原位粘贴图形。在
"颜色"面板中，设置填充色的 CMYK 值为 40、26、25、0，设置描边色为无，效果如图 3-53
所示。向右拖曳图形左侧中间的锚点到适当的位置，调整图形的大小，效果如图 3-54 所示。

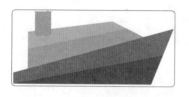
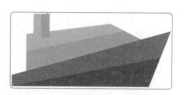

图 3-53　　　　　　　　　　　　图 3-54

（13）选择"选择"工具 ，用框选的方法选取需要的图形，如图 3-55 所示。选择"对
象 > 排列 > 置为底层"命令，将两个矩形置于所有图形的下方，如图 3-56 所示。

（14）选择"矩形"工具，在页面中绘制矩形。在"颜色"面板中，设置填充色的
CMYK 值为 0、80、100、0，设置描边色为无，效果如图 3-57 所示。按 Ctrl+C 组合键，复
制图形。选择"编辑 > 原位粘贴"命令，原位粘贴图形。在"颜色"面板中，设置填充色的
CMYK 值为 0、90、100、15，设置描边色为无，效果如图 3-58 所示。

图 3-55　　　　　　图 3-56　　　　　　图 3-57　　　　　　图 3-58

（15）向右拖曳图形左侧中间的锚点到适当的位置，调整图形的大小，效果如图 3-59
所示。

（16）双击"多边形"工具，弹出"多边形设置"对话框，设置如图 3-60 所示，单击"确
定"按钮。在按住 Shift 键的同时，在页面中拖曳鼠标指针绘制五边形。在"颜色"面板中，
设置填充色的 CMYK 值为 0、90、100、15，设置描边色为无，效果如图 3-61 所示。

图 3-59　　　　　　　　　图 3-60　　　　　　　　图 3-61

（17）双击"多边形"工具 ，弹出"多边形设置"对话框，设置如图 3-62 所示，单击"确定"按钮。在按住 Shift+Alt 组合键的同时，在页面中以五边形的中心点为中心绘制星形。在"颜色"面板中，设置填充色的 CMYK 值为 0、30、100、0，设置描边色为无，如图 3-63 所示。

（18）选择"选择"工具 ▶，选取需要的图形，如图 3-64 所示。按 Ctrl+C 组合键，复制图形。选择"编辑 > 原位粘贴"命令，原位粘贴图形。在按住 Shift 键的同时，将粘贴的图形向右拖曳到适当的位置，效果如图 3-65 所示。

　　　图 3-62　　　　　　　图 3-63　　　　图 3-64　　　　图 3-65

（19）在按住 Shift 键的同时，选取需要的图形，如图 3-66 所示。向内拖曳锚点调整图形的大小，并将其拖曳到适当的位置，效果如图 3-67 所示。

（20）用框选的方法将需要的多个图形同时选取，如图 3-68 所示。选择"对象 > 排列 > 置为底层"命令，将所选图形置于其他所有图形的下方，效果如图 3-69 所示。

　　图 3-66　　　　图 3-67　　　　图 3-68　　　　图 3-69

（21）选择"椭圆"工具 ◎，在按住 Shift 键的同时，在适当的位置拖曳鼠标指针绘制圆形。在"颜色"面板中，设置填充色的 CMYK 值为 0、30、100、0，并设置描边色为无，如图 3-70 所示。选取刚绘制的圆形，按 Ctrl+C 组合键复制图形。选择"编辑 > 原位粘贴"命令，原位粘贴图形，并设置图形的填充色为黑色，设置描边色为无，如图 3-71 所示。

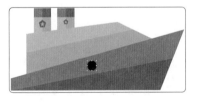

　　　　图 3-70　　　　　　　　　　图 3-71

（22）在按住 Shift+Alt 组合键的同时，向内拖曳锚点到适当的位置，调整图形的大小，如图 3-72 所示。选取两个圆形，如图 3-73 所示，选择"对象 > 编组"命令，将选取的两个图形编组，效果如图 3-74 所示。在按住 Alt 键的同时，将图形多次拖曳复制到适当的位置，效果如图 3-75 所示。卡通船图标绘制完成。

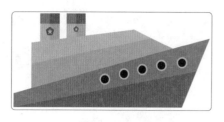

图 3-72　　　图 3-73　　　图 3-74　　　　　图 3-75

3.1.5 扩展实践：绘制建筑图标

使用"矩形"工具、"椭圆"工具、"多边形"工具和"旋转"工具绘制建筑图标。最终效果参看云盘中的"Ch03 > 效果 > 3.1.5 扩展实践：绘制建筑图标"，如图 3-76 所示。

微课

绘制建筑图标

图 3-76

任务 3.2 绘制动物图标

微课

绘制动物图标

3.2.1 任务引入

本任务是为某咖啡馆绘制形象图标，该咖啡馆以猫头鹰形象为标志，要求设计简约，形象生动，能给顾客留下深刻印象。

3.2.2 设计理念

设计时，选用紫色作为图标主色，烘托雅致、低调的氛围；使用简单的猫头鹰拼贴图形，贴合咖啡馆的宣传主题。最终效果参看云盘中的"Ch03 > 效果 > 3.2- 绘制动物图标"，如图 3-77 所示。

图 3-77

3.2.3 任务知识：编辑和组织对象

① 选取对象和取消选取

在 InDesign CC 2019 中，当对象呈选取状态时，对象的周围会出现限位框（又称外框）。限位框是代表对象水平和垂直尺寸的矩形框。对象的选取状态如图 3-78 所示。

当同时选取多个图形对象时，对象保留各自的限位框，选取状态如图 3-79 所示。

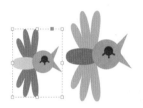
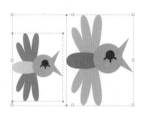

图 3-78   图 3-79

要取消对象的选取状态，只要在页面中的空白位置单击即可。

◎ 使用选择工具选取对象

选择"选择"工具▶，在要选取的图形对象上单击，即可选取相应对象。如果对象是未填充的路径，则单击它的边缘即可选取。

若要选取多个图形对象，在按住 Shift 键的同时，依次单击各个对象即可，如图 3-80 所示。

选择"选择"工具▶，在页面中要选取的图形对象外围拖曳鼠标指针，得到的虚线框如图 3-81 所示，虚线框接触到的对象都将被选取，如图 3-82 所示。

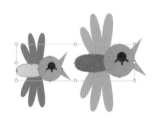
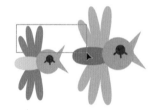
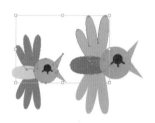

图 3-80   图 3-81   图 3-82

选择"选择"工具▶，将鼠标指针置于图片上，当鼠标指针显示为▶时，如图 3-83 所示，单击图片可选取对象，如图 3-84 所示。在空白处单击，可取消选取状态，如图 3-85 所示。

图 3-83   图 3-84   图 3-85

将鼠标指针移动到接近图片中心时，鼠标指针显示为🖐，如图 3-86 所示，单击可选取限位框内的图片，如图 3-87 所示。按 Esc 键，可切换到选取对象状态，如图 3-88 所示。

图 3-86   图 3-87   图 3-88

◎ 使用直接选择工具选取对象

选择"直接选择"工具 ▷，拖曳鼠标指针框选图形对象，如图 3-89 所示，对象被选取，但被选取的对象不显示限位框，只显示锚点，如图 3-90 所示。

选择"直接选择"工具 ▷，在图形对象的某个锚点上单击，可以将其选取，如图 3-91 所示。按住鼠标左键拖曳选取的锚点到适当的位置，如图 3-92 所示。松开鼠标左键，可以改变图形对象的形状，如图 3-93 所示。

在按住 Shift 键的同时，单击需要的锚点，可以同时选取多个锚点。

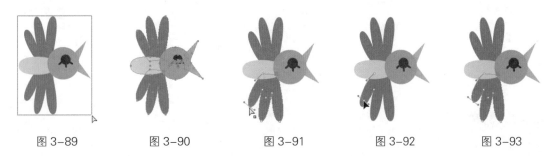

图 3-89　　　　图 3-90　　　　图 3-91　　　　图 3-92　　　　图 3-93

选择"直接选择"工具 ▷，在图形对象内单击，选取状态如图 3-94 所示。在中心点再次单击，可以选取整个图形，如图 3-95 所示。按住鼠标左键将其拖曳到适当的位置，如图 3-96 所示，松开鼠标左键，可以移动对象。

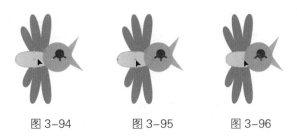

图 3-94　　　　图 3-95　　　　图 3-96

选择"直接选择"工具 ▷，单击图片的限位框，如图 3-97 所示，再单击中心点，如图 3-98 所示，按住鼠标左键将其拖曳到适当的位置，如图 3-99 所示。松开鼠标左键，限位框移动，框内的图片没有移动，效果如图 3-100 所示。

图 3-97　　　　图 3-98　　　　图 3-99　　　　图 3-100

当鼠标指针悬停于图片之上时，"直接选择"工具图标 ▷ 会自动变为"抓手"工具图标 ✋，如图 3-101 所示。单击可选取限位框内的图片，如图 3-102 所示。按住鼠标左键拖曳图片到适当的位置，如图 3-103 所示。松开鼠标左键，图片移动，限位框没有移动，效果如图 3-104 所示。

图 3-101   图 3-102   图 3-103   图 3-104

◎ 使用控制面板选取对象

单击控制面板中的"选择上一对象"按钮或"选择下一对象"按钮，可选取当前对象的上一个对象或下一个对象。单击"选择内容"按钮，可选取限位框中的图片。单击"选择容器"按钮，可以选取限位框。

❷ 缩放对象

◎ 使用工具箱中的工具缩放对象

选择"选择"工具，选取要缩放的对象，对象的周围出现限位框，如图 3-105 所示。选择"自由变换"工具，按住鼠标左键拖曳对象右上角的锚点，如图 3-106 所示，松开鼠标左键，对象的缩放效果如图 3-107 所示。

图 3-105   图 3-106   图 3-107

选取要缩放的对象，选择"缩放"工具，对象的中心会出现中心控制点，单击并拖曳中心控制点到适当的位置，如图 3-108 所示，再拖曳对角线上的锚点到适当的位置，如图 3-109 所示，松开鼠标左键，对象的缩放效果如图 3-110 所示。

图 3-108   图 3-109   图 3-110

◎ 使用控制面板缩放对象

选择"直接选择"工具，选取要缩放的对象，如图 3-111 所示，控制面板如图 3-112 所示。在控制面板中，单击"约束宽度和高度的比例"按钮，可以按比例缩放对象的限位框。

在控制面板中设置需要的数值，如图 3-113 所示，按 Enter 键确定操作，效果如图 3-114 所示。

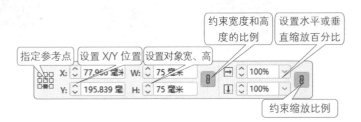

图 3-111　　　　　　　　　　　　　　　　　图 3-112

图 3-113　　　　　　　　　　　图 3-114

 提示　　　拖曳对角线上的锚点时，按住 Shift 键，对象会按比例缩放；按住 Shift+Alt 组合键，对象会按比例从对象中心缩放。

③ 旋转对象

◎ 使用工具箱中的工具旋转对象

选取要旋转的对象，如图 3-115 所示。选择"自由变换"工具 ，对象的四周出现限位框，将鼠标指针放在限位框的外围，当其图标变为旋转符号 时，按住鼠标左键拖曳，如图 3-116 所示。旋转到需要的角度后松开鼠标左键，完成对象的旋转，效果如图 3-117 所示。

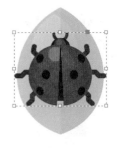 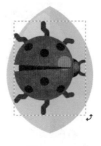 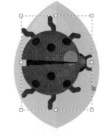

图 3-115　　　　　图 3-116　　　　　图 3-117

选取要旋转的对象，如图 3-118 所示。选择"旋转"工具 ，对象的中心点出现旋转中心图标 ，如图 3-119 所示。将鼠标指针移动到旋转中心上，按住鼠标左键拖曳旋转中心到需要的位置，如图 3-120 所示，可以在所选对象外围拖曳鼠标指针旋转对象，效果如图 3-121 所示。

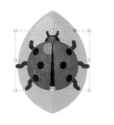   

图 3-118　　　　　图 3-119　　　　　图 3-120　　　　　图 3-121

◎ 使用控制面板旋转对象

选择"选择"工具 ，选取要旋转的对象，在控制面板中将"旋转角度" 设为对象需要旋转的角度，按 Enter 键确定操作。

单击"顺时针旋转 90°"按钮 ，可将对象顺时针旋转 90°；单击"逆时针旋转 90°"按钮 ，可将对象逆时针旋转 90°。

◎ 使用菜单命令旋转对象

选择"选择"工具 ，选取要旋转的对象，如图 3-122 所示。选择"对象 > 变换 > 旋转"命令或双击"旋转"工具 ，弹出"旋转"对话框，在其中设置需要的数值，如图 3-123 所示，单击"确定"按钮，效果如图 3-124 所示。

图 3-122　　　　　　　图 3-123　　　　　　　图 3-124

④ 倾斜变形对象

◎ 使用工具箱中的工具倾斜变形对象

选取要倾斜变形的对象，如图 3-125 所示。选择"切变"工具 ，按住鼠标左键拖曳变形对象，如图 3-126 所示。倾斜到需要的角度后松开鼠标左键，完成对象的倾斜变形，效果如图 3-127 所示。

图 3-125　　　图 3-126　　　图 3-127

◎ 使用控制面板倾斜变形对象

选择"选择"工具 ，选取要倾斜的对象，在控制面板的"X 切变角度" 文本框中设置对象需要倾斜的角度，按 Enter 键确定操作，对象即按指定的角度倾斜。

◎ 使用菜单命令倾斜变形对象

选取要倾斜变形的对象，如图 3-128 所示。选择"对象 > 变换 > 切变"命令，弹出"切变"对话框，在其中设置需要的数值，如图 3-129 所示，单击"确定"按钮，效果如图 3-130 所示。

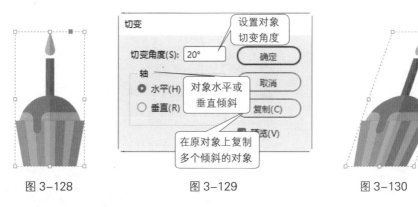

图 3-128　　　　　图 3-129　　　　　图 3-130

⑤ 镜像对象

◎ 使用控制面板镜像对象

选择"选择"工具▶，选取要镜像的对象，如图 3-131 所示。单击控制面板中的"水平翻转"按钮◀，可使对象沿水平方向翻转，效果如图 3-132 所示。单击控制面板中的"垂直翻转"按钮▼，可使对象沿垂直方向翻转。

选取要镜像的对象，选择"缩放"工具，在图片上适当的位置单击，将镜像中心控制点置于适当的位置，如图 3-133 所示。单击控制面板中的"水平翻转"按钮◀，可使对象以指定的镜像中心控制点为中心水平翻转，效果如图 3-134 所示。单击控制面板中的"垂直翻转"按钮▼，可使对象以指定的镜像中心控制点为中心垂直翻转。

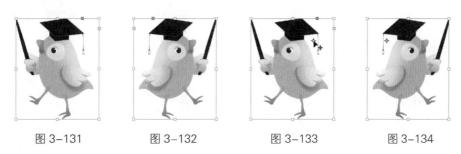

图 3-131　　　　图 3-132　　　　图 3-133　　　　图 3-134

◎ 使用菜单命令镜像对象

选择"选择"工具▶，选取要镜像的对象，若选择"对象 > 变换 > 水平翻转"命令，可使对象水平翻转；选择"对象 > 变换 > 垂直翻转"命令，可使对象垂直翻转。

提示　　在镜像对象的过程中，只能使对象本身产生镜像，若想要在镜像的位置生成一个对象的复制品，必须先在原位复制一个对象。

6 对齐与分布对象

选取要对齐的对象，如图 3-135 所示。选择"窗口 > 对象和版面 > 对齐"命令或按 Shift+F7 组合键，弹出"对齐"面板，如图 3-136 所示。在"对齐"面板的"对齐对象"选项组中，单击需要的对齐按钮即可完成对象的对齐设置，对齐效果如图 3-137 所示。

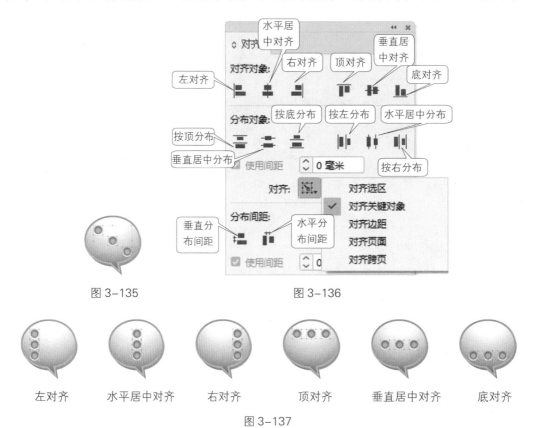

图 3-135　　　　　　　　　　图 3-136

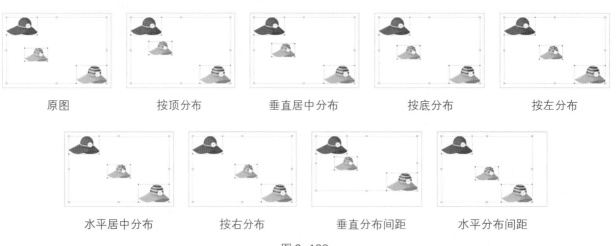

| 左对齐 | 水平居中对齐 | 右对齐 | 顶对齐 | 垂直居中对齐 | 底对齐 |

图 3-137

在"分布对象""分布间距"选项组中，单击需要的分布按钮即可完成对象的分布设置，分布效果如图 3-138 所示。

| 原图 | 按顶分布 | 垂直居中分布 | 按底分布 | 按左分布 |

| 水平居中分布 | 按右分布 | 垂直分布间距 | 水平分布间距 |

图 3-138

在"对齐"面板中勾选"使用间距"复选框，并在文本框中设置距离数值，所有被选取的对象都将按设置的数值等距离分布。

7 对齐基准

"对齐"面板中的"对齐"下拉列表中包括 5 个对齐命令："对齐选区""对齐关键对象""对齐边距""对齐页面""对齐跨页"。以"按顶分布"为例，选择不同对齐基准的对齐效果如图 3-139 所示。

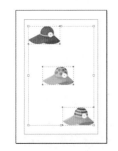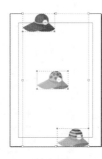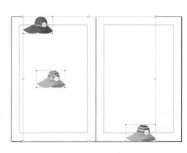

对齐选区　　　　　对齐关键对象　　　　　对齐边距　　　　　对齐页面　　　　　对齐跨页

图 3-139

8 排序对象

图形对象之间存在着堆叠关系，后绘制的图像一般显示在先绘制的图像之上。在实际操作中，可以根据需要改变图像之间的堆叠顺序。

选取要移动的图像，选择"对象 > 排列"命令，其子菜单包括 4 个命令："置于顶层""前移一层""后移一层""置为底层"。使用这些命令可以改变图形对象的排序，效果如图 3-140 所示。

原图　　　　　　置于顶层　　　　　　前移一层　　　　　　后移一层　　　　　　置为底层

图 3-140

9 编组对象

◎ 创建编组

选取要编组的对象，如图 3-141 所示。选择"对象 > 编组"命令或按 Ctrl+G 组合键，可以将选取的对象编组，如图 3-142 所示。编组后，选择其中的任何一个图像，其他的图像也会同时被选取。

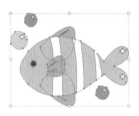
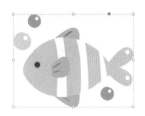

图 3-141   图 3-142

将多个对象组合后，图形外观并没有变化，当对任何一个对象进行编辑时，其他对象也随之产生相应的变化。

提示   组合不同图层上的对象，组合后所有的对象将自动移动到最上层对象所在的图层中，并形成组合。

使用"编组"命令还可以将几个不同的组合进行进一步组合，或在组合与对象之间进行进一步组合。在几个组之间进行组合时，原来的组合并没有消失，它与新得到的组合是嵌套的关系。

◎ 取消编组

选取要取消编组的对象，如图 3-143 所示。选择"对象 > 取消编组"命令或按 Shift+Ctrl+G 组合键，可取消对象的编组。对于取消编组后的图像，可通过单击选取任意一个图形对象，如图 3-144 所示。

图 3-143   图 3-144

执行一次"取消编组"命令只能取消一层组合。例如，两个组合通过"编组"命令成为一个新的组合，在应用"取消编组"命令取消这个新组合后，可以得到两个原始的组合。

⑩ 锁定对象

使用"锁定"命令可锁定文档中不希望被移动的对象。只要对象是锁定的，它便不能移动，但仍然可以被选取，并更改其他的属性（如颜色、描边等）。当文档被保存、关闭或重新打开时，被锁定的对象会保持锁定状态。

选取要锁定的图形，如图 3-145 所示，选择"对象 > 锁定"命令或按 Ctrl+L 组合键，将图形锁定。锁定后，在移动时，被锁定图形保持不动，其他图形移动，如图 3-146 所示。

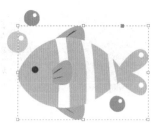
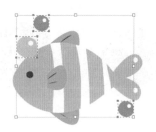

图 3-145　　　　　　　　　　　　　　图 3-146

3.2.4　任务实施

（1）选择"文件 > 新建 > 文档"命令，弹出"新建文档"对话框，设置如图 3-147 所示。单击"边距和分栏"按钮，弹出"新建边距和分栏"对话框，设置如图 3-148 所示，单击"确定"按钮，新建一个页面。选择"视图 > 其他 > 隐藏框架边缘"命令，将所绘制图形的框架边缘隐藏。

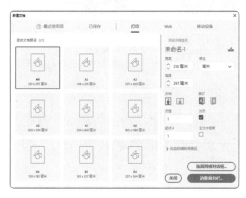
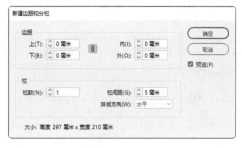

图 3-147　　　　　　　　　　　　　　　　图 3-148

（2）双击"多边形"工具 ，弹出"多边形设置"对话框，设置如图 3-149 所示，单击"确定"按钮。在按住 Shift 键的同时，在页面中拖曳鼠标指针绘制多边形，如图 3-150 所示。设置填充色的 CMYK 值为 100、100、68、24，并设置描边色为无，效果如图 3-151 所示。

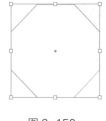
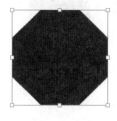

图 3-149　　　　　　　　　图 3-150　　　　　　　　　图 3-151

（3）在控制面板中将"旋转角度" 设置为 22.5°，按 Enter 键旋转图形，效果如图 3-152 所示。

（4）选择"删除锚点"工具 ，将鼠标指针放置在不需要的锚点上，如图 3-153 所示，单击删除锚点，如图 3-154 所示。用相同的方法删除右侧的锚点，效果如图 3-155 所示。

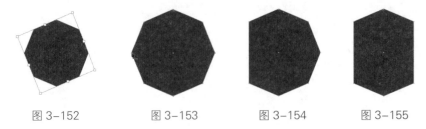

图 3-152　　　　　图 3-153　　　　　图 3-154　　　　　图 3-155

（5）选择"添加锚点"工具 ，将鼠标指针放置在需要添加锚点的路径上，如图 3-156 所示，单击添加锚点。用相同的方法在右侧相对位置添加锚点，如图 3-157 所示。选择"直接选择"工具 ，将鼠标指针放置在需要移动的锚点上，如图 3-158 所示，向下拖曳鼠标指针移动该锚点，如图 3-159 所示，松开鼠标左键。

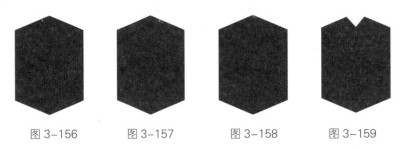

图 3-156　　　　　图 3-157　　　　　图 3-158　　　　　图 3-159

（6）选取需要移动的锚点，如图 3-160 所示。向右拖曳鼠标指针移动该锚点，效果如图 3-161 所示。用相同的方法移动右侧的锚点，效果如图 3-162 所示。

（7）选择"矩形"工具 ，在适当的位置拖曳鼠标指针绘制矩形，设置填充色的 CMYK 值为 100、100、68、24，并设置描边色为无，效果如图 3-163 所示。

（8）选择"删除锚点"工具 ，将鼠标指针放置在不需要的锚点上，单击将其删除，如图 3-164 所示。选择"选择"工具 ，在控制面板中将"旋转角度" 设置为 -7.5°，按 Enter 键旋转图形，并将其拖曳到适当的位置，效果如图 3-165 所示。

图 3-160　　　图 3-161　　　图 3-162　　　图 3-163　　　图 3-164　　　图 3-165

（9）在按住 Shift+Alt 组合键的同时，按住鼠标左键水平向右拖曳三角形到适当的位置复制，如图 3-166 所示。在页面中单击鼠标右键，在弹出的快捷菜单中选择"变换 > 水平翻转"命令，将图形水平翻转并移动到适当的位置，如图 3-167 所示。

（10）双击"多边形"工具 ，弹出"多边形设置"对话框，设置如图 3-168 所示，单击"确定"按钮。在按住 Shift 键的同时，在页面中拖曳鼠标指针绘制三角形，设置填充色的 CMYK 值为 100、100、68、24，并设置描边色为无，如图 3-169 所示。

（11）选择"选择"工具 ，在控制面板中将"旋转角度" 设置为 180°，按 Enter 键旋转图形，并将其拖曳到适当的位置，效果如图 3-170 所示。

图 3-166　　　　图 3-167　　　　　　图 3-168　　　　　图 3-169　　　　图 3-170

（12）选择"椭圆"工具 ◎，在按住 Shift 键的同时，在适当的位置拖曳鼠标指针绘制圆形。设置填充色的 CMYK 值为 100、100、68、24，并设置描边色为无，效果如图 3-171 所示。选择"椭圆"工具 ◎，在按住 Shift+Alt 组合键的同时，以圆形的中心点为圆心绘制圆形，设置填充色为白色，并设置描边色为无，效果如图 3-172 所示。

（13）选择"椭圆"工具 ◎，在按住 Shift+Alt 组合键的同时，以圆形的中心点为圆心绘制圆形。设置填充色的 CMYK 值为 100、100、68、24，并设置描边色为无，效果如图 3-173 所示。

（14）双击"多边形"工具 ◎，在页面中拖曳鼠标指针绘制三角形，设置填充色的 CMYK 值为 100、100、68、24，并设置描边色为无，如图 3-174 所示。

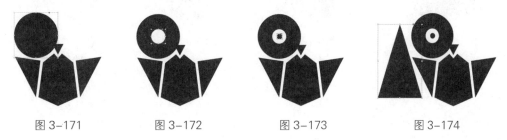

图 3-171　　　　　　图 3-172　　　　　　图 3-173　　　　　　图 3-174

（15）选择"选择"工具 ▶，在控制面板中将"旋转角度" ⊿ �0° ▽ 设置为 180°，按 Enter 键旋转图形，并将其拖曳到适当的位置，效果如图 3-175 所示。

（16）双击"多边形"工具 ◎，弹出"多边形设置"对话框，设置如图 3-176 所示，单击"确定"按钮，在页面中拖曳鼠标指针绘制多边形，设置填充色为黑色，并设置描边色为无，如图 3-177 所示。

图 3-175　　　　　　　图 3-176　　　　　　　图 3-177

（17）选择"选择"工具 ▶，在控制面板中将"旋转角度" ⊿ �0° ▽ 设置为 -24.5°，按 Enter 键旋转图形，并将其拖曳到适当的位置，效果如图 3-178 所示。

（18）选取需要的图形，如图 3-179 所示。选择"窗口>对象和版面>路径查找器"命令，弹出"路径查找器"面板，单击"减去"按钮 ◻，效果如图 3-180 所示。选择"矩形"

工具□，在适当的位置拖曳鼠标指针绘制矩形，将填充色设置为黑色，并设置描边色为无，效果如图 3-181 所示。

图 3-178　　　　　图 3-179　　　　　图 3-180　　　　　图 3-181

（19）选择"选择"工具▶，在按住 Shift 键的同时，选取需要的图形，如图 3-182 所示。在"路径查找器"面板上单击"减去"按钮□，效果如图 3-183 所示。

（20）选择"添加锚点"工具✍，将鼠标指针放置在需要添加锚点的路径上，如图 3-184 所示，单击添加锚点。用相同的方法再次单击添加锚点，效果如图 3-185 所示。

图 3-182　　　　　图 3-183　　　　　图 3-184　　　　　图 3-185

（21）选择"直接选择"工具▷，选择需要的锚点，如图 3-186 所示，向下拖曳到适当的位置，效果如图 3-187 所示。

（22）选择需要的锚点，向上拖曳到适当的位置，如图 3-188 所示。用相同的方法移动其他需要的锚点，效果如图 3-189 所示。

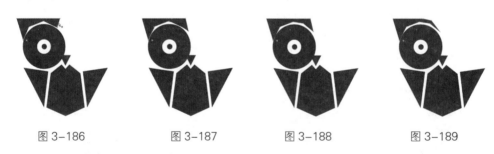

图 3-186　　　　　图 3-187　　　　　图 3-188　　　　　图 3-189

（23）选择"选择"工具▶，将图形移动到适当的位置，效果如图 3-190 所示。用框选的方法选取需要的图形，如图 3-191 所示。按 Ctrl+C 组合键，复制图形，选择"编辑 > 原位粘贴"命令，原位粘贴图形。在页面中单击鼠标右键，在弹出的快捷菜单中选择"变换 > 水平翻转"命令，将复制后的图形水平翻转，并移动到适当的位置，效果如图 3-192 所示。

（24）选取需要的图形，如图 3-193 所示。在按住 Shift+Alt 组合键的同时，向外拖曳锚点，调整图形的大小，如图 3-194 所示。

图 3-190　　　　　图 3-191　　　　　图 3-192　　　　　图 3-193　　　　　图 3-194

（25）双击"多边形"工具 ，弹出"多边形设置"对话框，设置如图 3-195 所示，单击"确定"按钮，在页面中拖曳鼠标指针绘制三角形，设置填充色的 CMYK 值为 100、100、68、24，并设置描边色为无，如图 3-196 所示。

（26）选择"选择"工具 ▶，在控制面板中将"旋转角度" ▲ ○ 0° ▽ 设置为 180°，按 Enter 键旋转图形，效果如图 3-197 所示。选择"椭圆"工具 ○，在适当的位置拖曳鼠标指针绘制椭圆，设置填充色的 CMYK 值为 100、100、68、24，并设置描边色为无，如图 3-198 所示。

图 3-195　　　　　　　　图 3-196　　　　　　　图 3-197　　　　　　　图 3-198

（27）选择"选择"工具 ▶，选取需要的图形，如图 3-199 所示。在按住 Shift+Alt 组合键的同时，水平向右拖曳椭圆到适当的位置复制，如图 3-200 所示。按 Ctrl+Alt+4 组合键，再复制出一个椭圆，效果如图 3-201 所示。

（28）用框选的方法选取需要的图形，如图 3-202 所示。在按住 Shift+Alt 组合键的同时，水平向右拖曳图形到适当的位置复制，如图 3-203 所示。

（29）选择"矩形"工具 □，在适当的位置拖曳鼠标指针绘制矩形，设置填充色的 CMYK 值为 100、100、68、24，并设置描边色为无，如图 3-204 所示。用相同的方法绘制其他矩形，如图 3-205 所示。

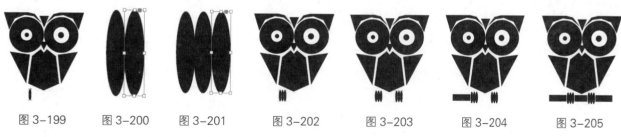

图 3-199　　　图 3-200　　　图 3-201　　　图 3-202　　　图 3-203　　　图 3-204　　　图 3-205

（30）双击"多边形"工具 ○，弹出"多边形设置"对话框，将"边数"设置为 3，单击"确定"按钮，在页面中拖曳鼠标指针绘制三角形，设置填充色的 CMYK 值为 100、100、68、24，并设置描边色为无，效果如图 3-206 所示。

（31）在控制面板中将"旋转角度" ▲ ○ 0° ▽ 设置为 -90°，按 Enter 键旋转图形，将其拖曳到适当的位置并调整其大小，效果如图 3-207 所示。

动物图标绘制完成，效果如图 3-208 所示。

图 3-206　　　　　　图 3-207　　　　　　图 3-208

3.2.5　扩展实践：绘制卡通表情

使用"椭圆"工具、"删除锚点"工具、"转换方向点"
工具、"旋转角度"选项和"水平翻转"按钮绘制卡通表
情。最终效果参看云盘中的"Ch03 > 效果 > 3.2.5 扩展实践：
绘制卡通表情"，如图 3-209 所示。

图 3-209

任务 3.3　项目演练：绘制卡通头像

3.3.1　任务引入

本任务是要绘制一个卡通头像，要求设计充满童趣，活泼可爱。

3.3.2　设计理念

设计时，使用纯色背景，突出卡通头像的主体，使用同色系进行填充，使整幅画面更加
俏皮、可爱。最终效果参看云盘中的"Ch03 > 效果 > 3.3- 绘制卡通头像"，如图 3-210 所示。

图 3-210

项目4

高级绘图技巧——路径
编辑与复合形状

04

本项目介绍InDesign CC 2019中路径的相关知识，讲解如何运用各种方法绘制和编辑路径。通过本项目的学习，读者可以运用绘制与编辑路径工具绘制出需要的曲线和图形。

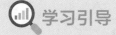 学习引导

知识目标
- 了解路径的基本概念
- 了解复合形状的概念

能力目标
- 掌握绘制与编辑路径的方法
- 掌握复合形状的使用技巧

素养目标
- 培养对路径与复合形状的应用能力

实训项目
- 绘制时尚插画
- 绘制橄榄球队标志

任务 4.1　绘制时尚插画

微课

绘制时尚插画

4.1.1　任务引入

本任务是要绘制一幅时尚插画，要求设计突出抽象风格，色彩淡雅。

4.1.2　设计理念

设计时，选择抽象的图形作为背景，增加艺术感；主题是人物与植物的合谐共处，营造自然、清新的氛围。最终效果参看云盘中的"Ch04 > 效果 > 4.1-绘制时尚插画"，如图 4-1 所示。

图 4-1

4.1.3　任务知识：绘制并编辑路径

① 路径

◎ 路径的基本概念

路径分为开放路径、闭合路径和复合路径 3 种。开放路径的两个端点没有连接在一起，如图 4-2 所示。闭合路径没有起点和终点，它是一条连续的路径，如图 4-3 所示，可对其进行内部填充或描边填充。复合路径是将几个开放或闭合路径进行组合而形成的路径，如图 4-4 所示。

图 4-2　　　　　　　　　图 4-3　　　　　　　　　图 4-4

◎ 路径的组成

路径由锚点和线段组成，可以通过调整路径上的锚点或线段来改变路径的形状，如图 4-5 所示。在曲线路径上，在曲线中间的锚点有两条控制线，在曲线端点的锚点有一条控制线。控制线总是与曲线上锚点所在的圆相切，控制线呈现的角度和长度决定了曲线的形状。控制线的端点称

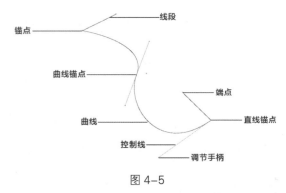

图 4-5

为调节手柄，可以通过调整调节手柄来对整个曲线进行调整。

● 锚点：是一条路径中两条线段的交点；路径是由锚点组成的。

● 直线锚点：单击刚建立的锚点，可以将锚点转换为带有一个独立调节手柄的直线锚点；直线锚点是一条线段与一条曲线的连接点。

● 曲线锚点：曲线锚点是带有两个独立调节手柄的锚点；曲线锚点是两条曲线之间的连接点。调节手柄可以改变曲线的弧度。

● 控制线和调节手柄：通过调节控制线和调节手柄，可以更精准地绘制路径。

● 线段：用钢笔工具在图像中单击两个不同的位置，将在两点之间创建一条线段。

● 曲线：拖动曲线锚点可以创建一条曲线。

● 端点：路径的结束点就是路径的端点。

2 直线工具

选择"直线"工具 ⟋，鼠标指针变成 ╬ 形状，按住鼠标左键并拖曳鼠标指针到适当的位置可以按需要绘制任意角度的直线，如图4-6所示，松开鼠标左键，即可完成直线的绘制，效果如图4-7所示。选择"选择"工具 ▶，在被选取的直线外单击，取消其选取状态，直线的效果如图4-8所示。

在按住 Shift 键的同时，按住鼠标左键拖曳鼠标指针进行绘制，可以绘制水平、垂直或呈 45° 及 45° 倍数的直线，如图4-9所示。

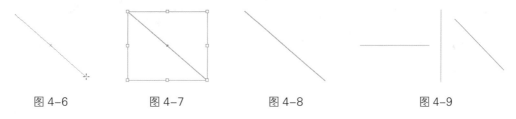

图4-6   图4-7   图4-8   图4-9

3 铅笔工具

◎ 使用铅笔工具绘制开放路径

选择"铅笔"工具 ✐，当鼠标指针显示为 ✐ 时，按住鼠标左键在页面中拖曳鼠标指针绘制路径，如图4-10所示，松开鼠标左键后，效果如图4-11所示。

图4-10   图4-11

◎ 使用铅笔工具绘制封闭路径

选择"铅笔"工具 ✐，按住鼠标左键在页面中拖曳一段距离后按住 Alt 键，当鼠标指针显示为 ✐ 时，表示正在绘制封闭路径，如图4-12所示。绘制完后松开鼠标左键，再松开 Alt 键，即可绘制出封闭的路径，效果如图4-13所示。

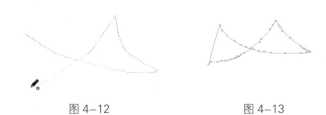

图 4-12　　　　　　　　　　　　　图 4-13

◎ 使用铅笔工具连接两条路径

选择"选择"工具 ，选取两条开放的路径，如图 4-14 所示。选择"铅笔"工具 ，按住鼠标左键，将鼠标指针从一条路径的端点拖曳到另一条路径的端点处，如图 4-15 所示。按住 Ctrl 键，鼠标指针显示为 ，表示将合并两个锚点或路径，如图 4-16 所示。完成后松开鼠标左键，再松开 Ctrl 键，效果如图 4-17 所示。

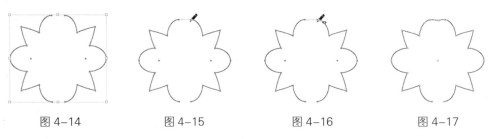

图 4-14　　　　　　图 4-15　　　　　　图 4-16　　　　　　图 4-17

④ 钢笔工具

◎ 使用钢笔工具绘制直线和折线

选择"钢笔"工具 ，在页面中任意位置单击，创建出一个锚点，将鼠标指针移动到需要的位置再单击，可以创建第 2 个锚点，两个锚点之间自动以直线进行连接，效果如图 4-18 所示。

将鼠标指针移动到其他位置单击，出现第 3 个锚点，第 2 个和第 3 个锚点之间生成一条新的直线路径，效果如图 4-19 所示。

使用相同的方法继续绘制路径，效果如图 4-20 所示。当要闭合路径时，将鼠标指针定位于创建的第 1 个锚点上，当鼠标指针变为 时，如图 4-21 所示，单击就可以闭合路径，效果如图 4-22 所示。

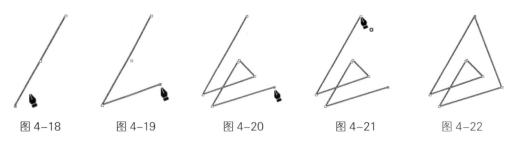

图 4-18　　　　图 4-19　　　　图 4-20　　　　图 4-21　　　　图 4-22

绘制一条路径并保持路径开放，如图 4-23 所示。在按住 Ctrl 键的同时，在对象外的任意位置单击，可以结束路径的绘制，开放路径效果如图 4-24 所示。

按住 Shift 键创建锚点，将强迫系统以 45°或 45°的倍数的角度绘制路径。按住 Alt 键，"钢笔"工具 将暂时转换成"转换方向点"工具 。按住 Ctrl 键，"钢笔"工具 将暂时转换成"直接选择"工具 。

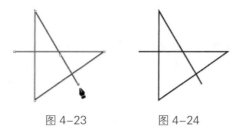

图 4-23　　　　　　　图 4-24

◎ 使用钢笔工具绘制路径

选择"钢笔"工具 ，在页面中按住鼠标左键并拖曳鼠标指针时，起点的两端分别出现了一条控制线，松开鼠标左键，其效果如图 4-25 所示。

移动鼠标指针到需要的位置，再次按住鼠标左键并拖曳鼠标指针，即可绘制出一条路径。在拖曳鼠标指针的同时，第 2 个锚点两端也出现了控制线。随着鼠标指针的移动，路径的形状也发生变化，如图 4-26 所示。松开鼠标左键，继续绘制，可以绘制出连续、平滑的路径，如图 4-27 所示。

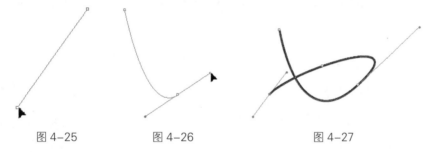

图 4-25　　　　　图 4-26　　　　　　图 4-27

◎ 使用钢笔工具绘制混合路径

选择"钢笔"工具 ，在页面中需要的位置绘制一条直线，如图 4-28 所示。

移动鼠标指针到需要的位置，按住鼠标左键拖曳鼠标指针，绘制一条路径，如图 4-29 所示。松开鼠标左键，移动鼠标指针到需要的位置，按住鼠标左键拖曳鼠标指针，绘制出一条路径，松开鼠标左键，效果如图 4-30 所示。

图 4-28　　　　　图 4-29　　　　　　图 4-30

选择"钢笔"工具 ，将鼠标指针定位于刚建立的路径锚点上，鼠标指针变为 ，在路径锚点上单击，可将路径锚点转换为直线锚点，如图 4-31 所示。移动鼠标指针到需要的位置再次单击，可在路径段后绘制出直线，如图 4-32 所示。

将鼠标指针定位于创建的第 1 个锚点上，鼠标指针变为 ，按住鼠标左键拖曳鼠标指针，如图 4-33 所示。松开鼠标左键，绘制出闭合路径，如图 4-34 所示。

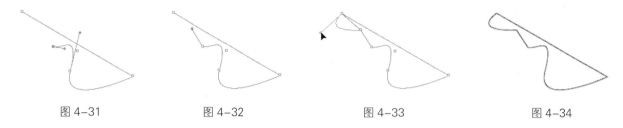

图 4-31　　　　　　图 4-32　　　　　　　　图 4-33　　　　　　　　　图 4-34

5 **选取、移动锚点**

◎ 选取路径上的锚点

对路径或图形上的锚点进行编辑时，必须先选取要编辑的锚点。绘制一条路径，选择"直接选择"工具 ，显示路径上的锚点和线段，如图 4-35 所示。

路径中的每个方形小圈就是路径的锚点，在需要选取的锚点上单击，锚点上会显示控制线和控制线两端的调节手柄，同时会显示前后锚点的控制线和调节手柄，效果如图 4-36 所示。

◎ 选取路径上的多个或全部锚点

选择"直接选择"工具 ，按住 Shift 键单击需要的锚点，可同时选取多个锚点，如图 4-37 所示。

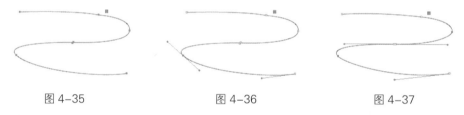

图 4-35　　　　　　　　图 4-36　　　　　　　　图 4-37

选择"直接选择"工具 ，在页面中路径图形的外围按住鼠标左键，拖曳鼠标指针可以框选多个或全部锚点，如图 4-38 和图 4-39 所示，被框住的锚点将被全部选取，如图 4-40 和图 4-41 所示。单击路径外的任意位置，锚点的选取状态将被取消。

选择"直接选择"工具 ，单击路径的中心点，可选取路径上的所有锚点，如图 4-42 所示。

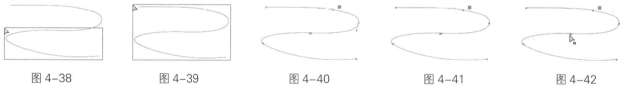

图 4-38　　　　　图 4-39　　　　　图 4-40　　　　　图 4-41　　　　　图 4-42

◎ 移动路径上的单个锚点

绘制一个图形，如图 4-43 所示。选择"直接选择"工具 ，选取要移动的锚点并按住鼠标左键拖曳，如图 4-44 所示。松开鼠标左键，图形调整的效果如图 4-45 所示。

选择"直接选择"工具 ，选取并拖曳锚点上的调节手柄，如图 4-46 所示。松开鼠标左键，图形调整的效果如图 4-47 所示。

图 4-43　　　　　图 4-44　　　　　图 4-45　　　　　图 4-46　　　　　图 4-47

◎ 移动路径上的多个锚点

选择"直接选择"工具 ，框选图形上的部分锚点，如图 4-48 所示。按住鼠标左键将其拖曳到适当的位置，松开鼠标左键，移动后的锚点如图 4-49 所示。

选择"直接选择"工具 ，锚点的选取状态如图 4-50 所示。拖曳任意一个被选取的锚点，其他被选取的锚点也会随之移动，如图 4-51 所示。松开鼠标左键，图形调整的效果如图 4-52 所示。

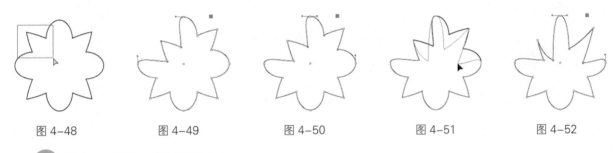

图 4-48　　　　　图 4-49　　　　　图 4-50　　　　　图 4-51　　　　　图 4-52

6　增加、删除、转换锚点

选择"直接选择"工具 ，选取要增加锚点的路径，如图 4-53 所示。选择"钢笔"工具 或"添加锚点"工具 ，将鼠标指针定位到要增加锚点的位置，如图 4-54 所示，单击增加一个锚点，如图 4-55 所示。

选择"直接选择"工具 ，选取需要删除锚点的路径，如图 4-56 所示。选择"钢笔"工具 或"删除锚点"工具 ，将鼠标指针定位到要删除的锚点的位置，如图 4-57 所示，单击删除锚点，效果如图 4-58 所示。

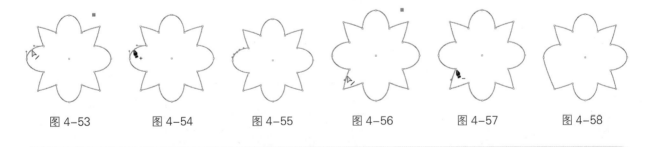

图 4-53　　　　图 4-54　　　　图 4-55　　　　图 4-56　　　　图 4-57　　　　图 4-58

提示　　如果需要在路径和图形中删除多个锚点，可以先按住 Shift 键，再选择要删除的多个锚点，最后按 Delete 键删除；也可以使用框选的方法选择需要删除的多个锚点，然后按 Delete 键删除。

选择"直接选择"工具 ▷，选取图 4-59 所示的路径。选择"转换方向点"工具 ▷，将鼠标指针定位到要转换的锚点上，如图 4-60 所示。拖曳鼠标指针可转换锚点，编辑路径的形状，效果如图 4-61 所示。

图 4-59　　　　　　　　图 4-60　　　　　　　　图 4-61

7　连接、断开路径

◎ 使用钢笔工具连接路径

选择"钢笔"工具 ✐，将鼠标指针置于一条开放路径的端点上，当鼠标指针变为 ✐. 时单击端点，如图 4-62 所示。在需要扩展的新位置单击，绘制出的连接路径如图 4-63 所示。

选择"钢笔"工具 ✐，将鼠标指针置于一条路径的端点上，当鼠标指针变为 ✐. 时单击端点，如图 4-64 所示。再将鼠标指针置于另一条路径的端点上，当鼠标指针变为 ✐。时，如图 4-65 所示，单击端点将两条路径连接，效果如图 4-66 所示。

图 4-62　　　　图 4-63　　　　图 4-64　　　　图 4-65　　　　图 4-66

◎ 使用面板连接路径

选择一条开放路径，如图 4-67 所示。选择"窗口 > 对象和版面 > 路径查找器"命令，弹出"路径查找器"面板，单击"封闭路径"按钮 ⊙，如图 4-68 所示，将路径闭合，效果如图 4-69 所示。

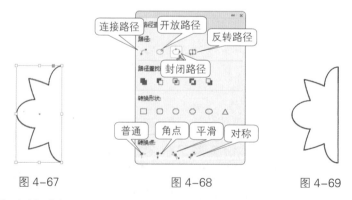

图 4-67　　　　　　　　图 4-68　　　　　　　　图 4-69

◎ 使用菜单命令连接路径

选择一条开放路径，选择"对象 > 路径 > 封闭路径"命令，将路径闭合。

◎ 使用剪刀工具断开路径

选择"直接选择"工具▷，选取要断开路径的锚点，如图 4-70 所示。选择"剪刀"工具✂，在锚点处单击，可将路径剪开，如图 4-71 所示。选择"直接选择"工具▷，在断开的锚点上按住鼠标左键并拖曳，效果如图 4-72 所示。

图 4-70　　　　　　　图 4-71　　　　　　　图 4-72

选择"选择"工具▶，选取要断开的路径，如图 4-73 所示。选择"剪刀"工具✂，在要断开的路径处单击，可将路径剪开，单击处将生成呈选取状态的锚点，如图 4-74 所示。选择"直接选择"工具▷，在断开的锚点上按住鼠标左键并拖曳，效果如图 4-75 所示。

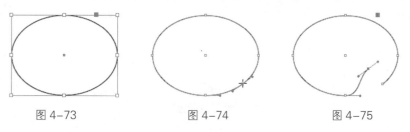

图 4-73　　　　　　　图 4-74　　　　　　　图 4-75

◎ 使用面板断开路径

选择"选择"工具▶，选取需要断开的路径，如图 4-76 所示。选择"窗口 > 对象和版面 > 路径查找器"命令，弹出"路径查找器"面板，单击"开放路径"按钮，如图 4-77 所示，将封闭的路径断开，如图 4-78 所示，呈选取状态的锚点是断开的锚点。在该锚点上按住鼠标左键并拖曳，效果如图 4-79 所示。

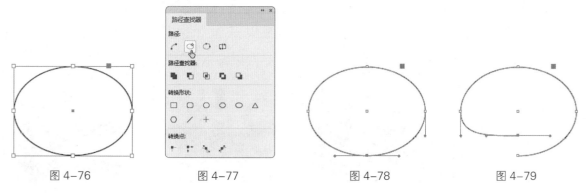

图 4-76　　　　　图 4-77　　　　　　图 4-78　　　　　　图 4-79

◎ 使用菜单命令断开路径

选择一条封闭路径，选择"对象 > 路径 > 开放路径"命令可将路径断开，呈现选取状态的锚点为路径的断开点。

4.1.4 任务实施

（1）选择"文件＞新建＞文档"命令，弹出"新建文档"对话框，设置如图4-80所示。单击"边距和分栏"按钮，弹出"新建边距和分栏"对话框，设置如图4-81所示，单击"确定"按钮，新建一个页面。选择"视图＞其他＞隐藏框架边缘"命令，将所绘制图形的框架边缘隐藏。

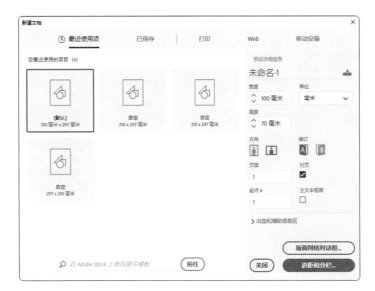
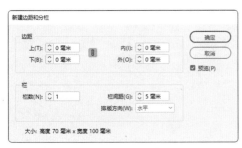

图4-80　　　　　　　　　　　　　　　　　　　　　图4-81

（2）选择"钢笔"工具，在适当的位置分别绘制闭合路径，效果如图4-82所示。选择"选择"工具，在按住Shift键的同时，选取需要的图形，设置图形填充色的CMYK值为0、80、40、0，并设置描边色为无，效果如图4-83所示。

（3）选择"钢笔"工具，在适当的位置绘制一个闭合路径，设置填充色为白色，并设置描边色为无，效果如图4-84所示。

（4）选择"椭圆"工具，在适当的位置拖曳鼠标指针绘制一个椭圆，设置填充色为白色，并设置描边色为无，效果如图4-85所示。

图4-82　　　　　　　图4-83　　　　　　　图4-84　　　　　　　图4-85

（5）选择"钢笔"工具，在适当的位置分别绘制闭合路径，如图4-86所示。选择"选择"工具，在按住Shift键的同时，选取需要的图形，设置图形填充色的CMYK值为100、100、46、20，并设置描边色为无，效果如图4-87所示。

图 4-86 图 4-87

（6）选择"选择"工具▶，选取人物右侧头发部分，连续按 Ctrl+[组合键，将选取的图形向后移到适当的位置，效果如图 4-88 所示。

（7）选择"钢笔"工具✏️，在适当的位置绘制一条曲线，如图 4-89 所示。在控制面板中将"描边粗细" ⊘ 0.283 点 ✓ 设为 1 点，按 Enter 键；设置描边色的 CMYK 值为 100、100、46、20，效果如图 4-90 所示。

图 4-88 图 4-89 图 4-90

（8）用相同的方法绘制其他曲线，效果如图 4-91 所示。按 Ctrl+O 组合键，弹出"打开文件"对话框，在对话框中打开云盘中的"Ch04 > 素材 > 绘制时尚插画 > 01"文件，按 Ctrl+A 组合键，全选该文件中的所有内容。按 Ctrl+C 组合键，复制选取的图形。返回到正在编辑的页面中，按 Ctrl+V 组合键，将复制的图形粘贴到页面中，并拖曳到适当的位置，效果如图 4-92 所示。

（9）在页面空白处单击，取消图形选取状态，时尚插画绘制完成，效果如图 4-93 所示。

图 4-91 图 4-92 图 4-93

4.1.5 扩展实践：绘制信纸

使用"钢笔"工具、"翻转"命令绘制信纸底图；使用"直线"工具、"复制"命令添加信纸横格。最终效果参看云盘中的"Ch04 > 效果 > 绘制信纸"，如图 4-94所示。

图 4-94

微课

绘制信纸

任务 4.2　绘制橄榄球队标志

微课

绘制橄榄球队
标志

4.2.1　任务引入

本任务是为某橄榄球队制作标志。要求设计采用易识别的图形和文字符号，画面干净，突出体育竞技性。

4.2.2　设计理念

设计时，选用鲜艳的色彩与白色搭配，增强视觉冲击力；橄榄球图形简洁、易辨识，主题明确；采用具有速度感的图形点缀，强调橄榄球运动的紧张、刺激。最终效果参看云盘中的"Ch04 > 效果 > 4.2- 绘制橄榄球队标志"，如图 4-95 所示。

图 4-95

4.2.3　任务知识：复合形状

在 InDesign CC 2019 中，可以使用"路径查找器"面板创建复合形状。复合形状是由简单路径、复合路径、文本框架、文本轮廓或其他形状通过添加、减去、交叉、排除重叠或减去后方对象制作而成的。

1　添加

添加是将多个图形结合成一个新的图形，新的图形的轮廓由被添加图形的边界组成，图形中间交叉线都将消失。

选择"选择"工具▶，选取需要的图形对象，如图 4-96 所示。选择"窗口 > 对象和版面 > 路径查找器"命令，弹出"路径查找器"面板，单击"相加"按钮■，如图 4-97 所示，将两个图形相加。相加后图形对象的边框和颜色与顶层的图形对象相同，效果如图 4-98 所示。

图 4-96　　　　　　　　图 4-97　　　　　　　　图 4-98

选择"选择"工具 ，选取需要的图形对象，选择"对象 > 路径查找器 > 添加"命令，也可以将所选图形相加。

② 减去

减去是从最底层的图形中减去最顶层的图形，被剪后的图形保留其填充和描边属性。

选择"选择"工具 ，选取需要的图形对象，如图 4-99 所示。选择"窗口 > 对象和版面 > 路径查找器"命令，弹出"路径查找器"面板，单击"减去"按钮 ，如图 4-100 所示，将两个图形相减。相减后的图形保持底层图形对象的属性，效果如图 4-101 所示。

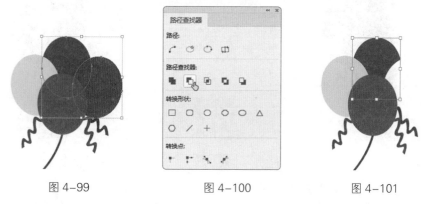

图 4-99　　　　　　　　图 4-100　　　　　　　　图 4-101

选择"选择"工具 ，选取需要的图形对象，选择"对象 > 路径查找器 > 减去"命令，也可以将所选图形相减。

③ 交叉

交叉是将两个或两个以上图形的相交部分保留，使相交的部分成为一个新的图形对象。

选择"选择"工具 ，选取需要的图形对象，如图 4-102 所示。选择"窗口 > 对象和版面 > 路径查找器"命令，弹出"路径查找器"面板，单击"交叉"按钮 ，如图 4-103 所示，将两个图形交叉。相交后的图形保持顶层图形的属性，效果如图 4-104 所示。

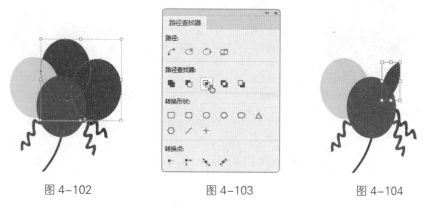

图 4-102　　　　　　　　图 4-103　　　　　　　　图 4-104

选择"选择"工具 ，选取需要的图形对象，选择"对象 > 路径查找器 > 交叉"命令，也可以将所选图形相交。

④ 排除重叠

排除重叠是指减去前后图形的重叠部分，将不重叠的部分创建为新图形。

选择"选择"工具▶，选取需要的图形对象，如图 4-105 所示。选择"窗口 > 对象和版面 > 路径查找器"命令，弹出"路径查找器"面板，单击"排除重叠"按钮，如图 4-106 所示，将两个图形重叠的部分减去。生成的新图形保持顶层图形的属性，效果如图 4-107 所示。

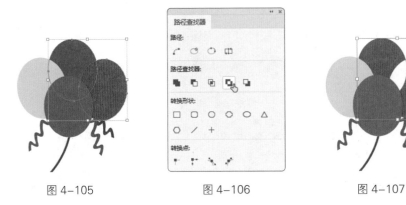

图 4-105　　　　　　　　图 4-106　　　　　　　　图 4-107

选择"选择"工具▶，选取需要的图形对象，选择"对象 > 路径查找器 > 排除重叠"命令，也可以将所选图形重叠的部分减去。

⑤ 减去后方对象

减去后方对象是指减去后面图形，并减去前后图形的重叠部分，保留前面图形的剩余部分。

选择"选择"工具▶，选取需要的图形对象，如图 4-108 所示。选择"窗口 > 对象和版面 > 路径查找器"命令，弹出"路径查找器"面板，单击"减去后方对象"按钮，如图 4-109 所示，将后方的图形对象减去。生成的新图形保持顶层图形的属性，效果如图 4-110 所示。

图 4-108　　　　　　　　图 4-109　　　　　　　　图 4-110

选择"选择"工具▶，选取需要的图形对象，选择"对象 > 路径查找器 > 减去后方对象"命令，也可以将后方的图形对象减去。

4.2.4　任务实施

（1）选择"文件 > 新建 > 文档"命令，弹出"新建文档"对话框，设置如图 4-111 所示。

单击"边距和分栏"按钮，弹出"新建边距和分栏"对话框，设置如图 4-112 所示，单击"确定"按钮，新建一个页面。选择"视图 > 其他 > 隐藏框架边缘"命令，将所绘制图形的框架边缘隐藏。

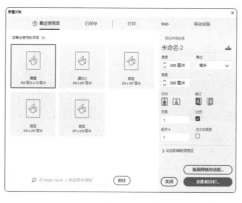 

| 图 4-111 | 图 4-112 |

（2）选择"矩形"工具 ，在页面中绘制一个矩形，设置其填充色为黑色，并设置描边色为无，效果如图 4-113 所示。选择"椭圆"工具 ，在页面外绘制一个椭圆，如图 4-114 所示。

（3）选择"直接选择"工具 ，选取右侧的锚点并选择出现的控制线，如图 4-115 所示，在按住 Shift 键的同时按住鼠标左键，向上拖曳下方的调节手柄到适当的位置，如图 4-116 所示。使用相同方法调节其他锚点的调节手柄，如图 4-117 所示。

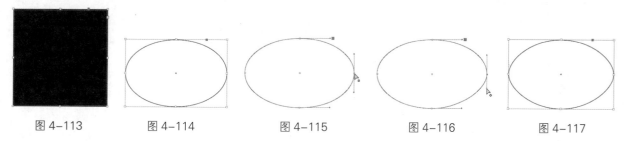

图 4-113   图 4-114   图 4-115   图 4-116   图 4-117

（4）选择"对象 > 变换 > 缩放"命令，在弹出的"缩放"对话框中进行设置，如图 4-118 所示，单击"复制"按钮，复制并缩小图形，效果如图 4-119 所示。

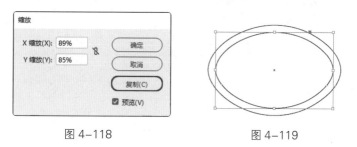

图 4-118   图 4-119

（5）选择"钢笔"工具 ，在适当的位置绘制一个闭合路径，如图 4-120 所示。选择"选择"工具 ，在按住 Alt+Shift 组合键的同时按住鼠标左键水平向右拖曳图形到适当的位置复制，效果如图 4-121 所示。单击控制面板中的"水平翻转"按钮 ，水平翻转图形，效果如图 4-122 所示。

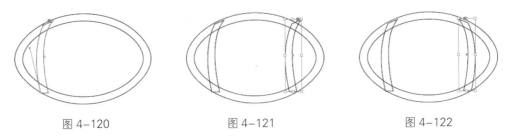

图 4-120　　　　　　　　图 4-121　　　　　　　　图 4-122

（6）选择"椭圆"工具◎，在按住 Shift 键的同时，在适当的位置绘制一个圆形，如图 4-123 所示。选择"矩形"工具▣，在适当的位置绘制一个矩形，如图 4-124 所示。

（7）在控制面板中将"旋转角度"△◇0° ▽设为 7°，按 Enter 键，效果如图 4-125 所示。选择"选择"工具▶，选取上方圆形，在按住 Alt 键的同时，按住鼠标左键向下拖曳圆形到适当的位置复制，效果如图 4-126 所示。使用相同方法绘制其他图形，效果如图 4-127 所示。

图 4-123　　　图 4-124　　　图 4-125　　　图 4-126　　　图 4-127

（8）选择"选择"工具▶，在按住 Shift 键的同时，依次选取需要的图形，如图 4-128 所示，选择"窗口 > 对象和版面 > 路径查找器"命令，弹出"路径查找器"面板，单击"减去"按钮▣，如图 4-129 所示，生成新对象，效果如图 4-130 所示。

图 4-128　　　　　　　　图 4-129　　　　　　　　图 4-130

（9）选择"钢笔"工具✐，在适当的位置绘制一条路径，如图 4-131 所示。在控制面板中将"描边粗细"◇0.283点▽设为 9 点，按 Enter 键，效果如图 4-132 所示。

（10）选择"钢笔"工具✐，在适当的位置绘制闭合路径，如图 4-133 所示。选择"选择"工具▶，在按住 Shift 键的同时，依次选取需要的闭合路径，如图 4-134 所示。

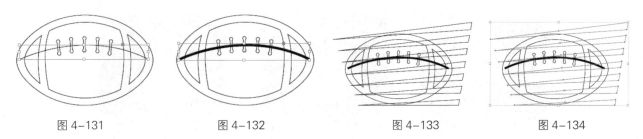

图 4-131　　　　　　　图 4-132　　　　　　　图 4-133　　　　　　　图 4-134

（11）在"路径查找器"面板中单击"相加"按钮■，如图 4-135 所示，生成新对象，效果如图 4-136 所示。选择"选择"工具▶，在按住 Shift 键的同时，单击下方椭圆将其同时选取，如图 4-137 所示。

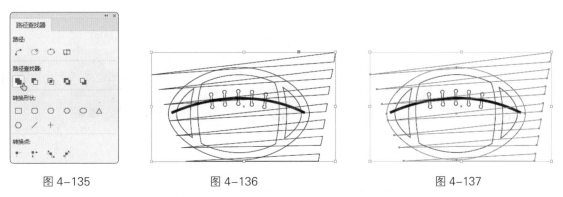

图 4-135　　　　　　　　　图 4-136　　　　　　　　　图 4-137

（12）在"路径查找器"面板中单击"减去后方对象"按钮■，如图 4-138 所示，生成新对象，效果如图 4-139 所示。设置图形填充色的 CMYK 值为 0、100、100、0，并设置描边色为无，效果如图 4-140 所示。

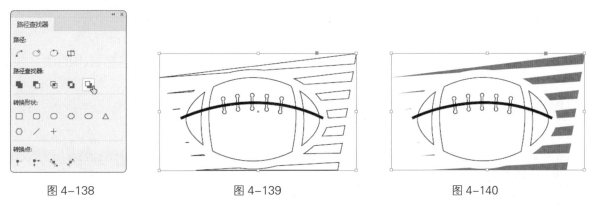

图 4-138　　　　　　　　　图 4-139　　　　　　　　　图 4-140

（13）选择"选择"工具▶，用框选的方法将所绘制的图形同时选取，并将其拖曳到页面中适当的位置，如图 4-141 所示。选取橄榄球图形，将其填充色设为白色，并设置描边色为无，效果如图 4-142 所示。

（14）选择"文字"工具 T，在适当的位置绘制一个文本框，在其中输入需要的文字。将输入的文字选取，在控制面板中选择合适的字体并设置文字大小，效果如图 4-143 所示。橄榄球队标志绘制完成。

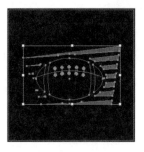
图 4-141

图 4-142

图 4-143

4.2.5   扩展实践：绘制创意图形

使用"矩形"工具和"渐变色板"工具绘制渐变背景；使用"钢笔"工具和"减去"命令制作创意图形；使用"文字"工具输入需要的文字。最终效果参看云盘中的"Ch04 > 效果 > 4.2.5 扩展实践：绘制创意图形"，如图 4-144 所示。

图 4-144

微课

绘制创意图形

任务 4.3   项目演练：绘制海滨插画

4.3.1   任务引入

本任务是为自然期刊绘制风景插画，要求设计以海滨为主题，表现出悠然自得的假日气息。

4.3.2   设计理念

设计时，以蓝天、白云、太阳烘托出悠闲、祥和的气氛，帆船、大海的波涛与背景图产生动静结合的效果；画面整体色调统一，体现出海滨风光的美好。最终效果参看云盘中的"Ch04 > 效果 > 4.3- 绘制海滨插画"，如图 4-145 所示。

图 4-145

微课

绘制海滨插画

项目5

图像效果应用技巧——填充与效果

05

本项目详细讲解InDesign CC 2019中编辑图形描边和填充图形颜色的方法，并对"效果"面板进行重点介绍。通过本项目的学习，读者可以制作出不同的图形描边和填充效果，还可以根据设计制作需要添加混合模式和特殊效果。

学习引导

知识目标
- 了解描边的概念
- 认识"描边"面板、"色板"面板、"效果"面板

能力目标
- 掌握"效果"面板的使用技法
- 掌握填充与描边的编辑技巧

素养目标
- 培养对填充与效果的应用能力

实训项目
- 绘制风景插画
- 制作房地产名片

任务 5.1　绘制风景插画

5.1.1　任务引入

本任务是为某书绘制风景插画，要求设计时通过简洁的画面表现出夕阳下风景的独特魅力。

5.1.2　设计理念

设计时，通过橘色的背景贴合夕阳主题，起到烘托气氛的效果；点缀的落日、山丘、房屋图形增加了画面的活泼感，配合拉长的倒影勾勒出夕阳美景。最终效果参看云盘中的"Ch05 > 效果 > 5.1- 绘制风景插画"，如图 5-1 所示。

图 5-1

5.1.3　任务知识：描边与填充

❶ 编辑描边

描边是指一个图形对象的边缘或路径。在系统默认的状态下，InDesign CC 2019 中绘制出的图形基本上都有细细的黑色描边。通过调整描边的宽度，可以绘制出不同宽度的描边线，如图 5-2 所示。还可以将描边设置为无。

应用工具箱下方的"描边"按钮，如图 5-3 所示，可以指定所选对象的描边颜色。按 X 键时，可以切换填充显示框和描边显示框的位置。单击"互换填色和描边"按钮↰或按 Shift+X 组合键，可以互换填充色和描边色。

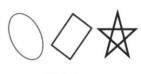

图 5-2

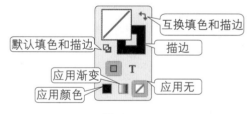

默认填色和描边

应用渐变

应用颜色

互换填色和描边

描边

应用无

图 5-3

在工具箱下方有 3 个按钮，分别是"应用颜色"按钮■、"应用渐变"按钮▣和"应用无"按钮☑。

◎ 设置描边的粗细

选择"选择"工具▶,选取需要的图形，如图 5-4 所示。在控制面板中将"描边粗细" ⇕ 0.283 点 ⌄

设为需要的数值，如图 5-5 所示，按 Enter 键，效果如图 5-6 所示。

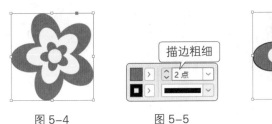

图 5-4　　　　　　图 5-5　　　　　　图 5-6

　　选择"选择"工具 ▶，选取需要的图形，如图 5-7 所示。选择"窗口 > 描边"命令或按 F10 键，弹出"描边"面板，在"粗细"下拉列表中选择需要的笔画宽度值或者直接输入合适的数值，如图 5-8 所示，图形的描边宽度被改变，效果如图 5-9 所示。

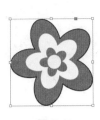

图 5-7　　　　　　　　图 5-8　　　　　　　　图 5-9

◎ 设置描边的填充

　　保持图形被选取的状态，如图 5-10 所示。选择"窗口 > 颜色 > 色板"命令，弹出"色板"面板，单击"描边"按钮，如图 5-11 所示。单击面板右上方的按钮 ≡，在弹出的菜单中选择"新建颜色色板"命令，弹出"新建颜色色板"对话框，设置如图 5-12 所示。单击"确定"按钮，图形描边的填充效果如图 5-13 所示。

图 5-10　　　　　　图 5-11　　　　　　　　　图 5-12　　　　　　　图 5-13

　　保持图形被选取的状态，如图 5-14 所示。选择"窗口 > 颜色 > 颜色"命令，弹出"颜色"面板，设置如图 5-15 所示；或者双击工具箱下方的"描边"按钮，弹出"拾色器"对话框，如图 5-16 所示，在对话框中调配所需的颜色，单击"确定"按钮，图形描边的颜色填充效果如图 5-17 所示。

图5-14

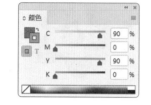
图5-15

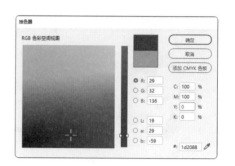
图5-16

图5-17

保持图形被选取的状态，如图5-18所示。选择"窗口>颜色>渐变"命令，在弹出的"渐变"面板中调配所需的渐变色，如图5-19所示，图形的描边渐变效果如图5-20所示。

图5-18

图5-19

图5-20

◎ 使用"描边"面板

选择"窗口>描边"命令或按F10键，弹出"描边"面板，如图5-21所示。"描边"面板主要用来设置图形描边的属性，如粗细、形状等。

在"描边"面板中，"斜接限制"选项可以设置描边沿路径改变方向时的伸展长度。可以在其下拉列表中选择所需的数值，也可以在文本框中直接输入合适的数值。分别将"斜接限制"选项设置为"2"和"20"时的图形描边效果分别如图5-22、图5-23所示。

图5-21

图5-22

图5-23

端点是指一段描边路径的首端和尾端，在"描边"面板中，可以用"端点"选项为描边路径的首端和尾端选择不同的端点样式来改变笔画末端的形状。使用"钢笔"工具绘制一段描边路径，在"描边"面板中，单击"端点"选项包括的3个不同端点样式的按钮，选定的端点样式便会被应用到刚绘制的描边路径中，如图5-24所示。

"连接"选项是指一段描边路径的拐点，连接样式就是指描边路径拐角处的形状。该选项有斜接连接、圆角连接和斜面连接3种不同的转角连接样式。绘制多边形，单击"描边"面板中的3个不同转角连接样式按钮 🔲🔲🔲，选定的转角连接样式便会被应用到刚绘制的多边形中，如图5-25所示。

| 平头端点 | 圆头端点 | 投射末端 | 斜接连接 | 圆角连接 | 斜面连接 |

图5-24　　　　　　　　　　　　　　　　　图5-25

在"描边"面板中，"对齐描边"选项可以在路径的内部、中间、外部设置描边，包括"描边对齐中心" 🔲、"描边居内" 🔲和"描边居外" 🔲3种样式。这3种样式应用到被选取的描边路径中的效果如图5-26所示。

描边对齐中心　　　　　描边居内　　　　　描边居外

图5-26

在"描边"面板的"类型"下拉列表中可以选择不同的描边类型，如图5-27所示。在"起始处／结束处"的下拉列表中可以选择描边线段起始处和结束处的形状样式，如图5-28所示。

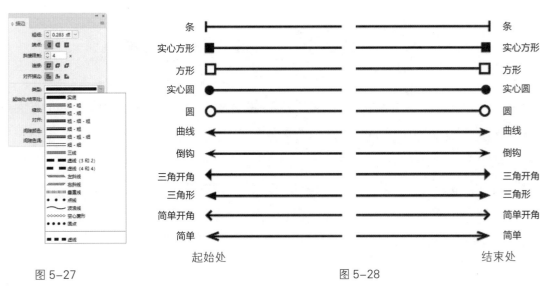

图5-27　　　　　　　　　　　　　　　　　图5-28

"互换箭头起始处和结束处"按钮 🔁 可以互换起始箭头和终点箭头。选取曲线，如图5-29所示。在"描边"面板中单击"互换箭头起始处和结束处"按钮 🔁，如图5-30所示，互换效果如图5-31所示。

图5-29　　　　　　　　图5-30　　　　　　　　图5-31

在"描边"面板的"缩放"选项中，左侧的是"箭头起始处的缩放因子"数值框，右侧的是"箭头结束处的缩放因子"数值框，在其中设置需要的数值，可以缩放曲线的起始箭头和结束箭头的大小。选取要缩放的曲线，如图5-32所示，将"箭头起始处的缩放因子"设置为200%，如图5-33所示，效果如图5-34所示；将"箭头结束处的缩放因子"设置为200%，效果如图5-35所示。

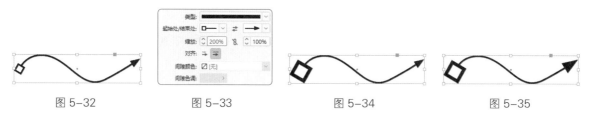

图5-32　　　　　　图5-33　　　　　　　图5-34　　　　　　　图5-35

单击"缩放"选项右侧的"链接箭头起始处和结束处缩放"按钮，可以同时改变起始箭头和结束箭头的大小。

在"描边"面板的"对齐"选项中，靠左侧的是"将箭头提示扩展到路径终点外"按钮，靠右侧的是"将箭头提示放置于路径终点处"按钮，这两个按钮分别可以设置箭头在终点以外显示和箭头在终点处显示。选取曲线，单击"将箭头提示扩展到路径终点外"按钮，箭头在终点以外显示，如图5-36所示；单击"将箭头提示放置于路径终点处"按钮，箭头在终点处显示，如图5-37所示。

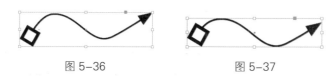

图5-36　　　　　　　图5-37

在"描边"面板中，"间隙颜色"选项用于设置除实线以外其他线段类型间隙的颜色，如图5-38所示。可选间隙颜色的多少由"色板"面板中的颜色决定。"间隙色调"选项用于设置所填充间隙颜色的饱和度，如图5-39所示。

在"描边"面板的"类型"选项下拉列表中选择"虚线"选项，"描边"面板下方会自动弹出虚线选项，根据需要选择可以创建描边的虚线效果。虚线选项中包括6个文本框，第1个文本框默认的虚线值为12点，如图5-40所示。

"虚线"选项用于设置每一虚线段的长度。文本框中输入的数值越大，虚线的长度就越长；反之，输入的数值越小，虚线的长度就越短。

"间隔"选项用于设置虚线段之间的距离。该文本框中输入的数值越大，虚线段之间的距离越大；反之，输入的数值越小，虚线段之间的距离就越小。

"角点"选项用于设置虚线中拐点的调整方法,其中包括无、调整线段、调整间隙、调整线段和间隙4种调整方法。

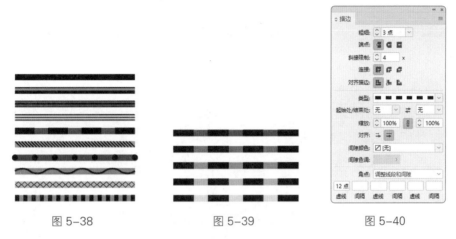

图 5-38　　　　　　　图 5-39　　　　　　　图 5-40

❷ 标准填充

◎ 使用工具箱填充

选择"选择"工具▶,选取需要填充的图形,如图 5-41 所示。双击工具箱下方的"填充"按钮,弹出"拾色器"对话框,在其中调配所需的颜色,如图 5-42 所示。单击"确定"按钮,图形的颜色填充效果如图 5-43 所示。

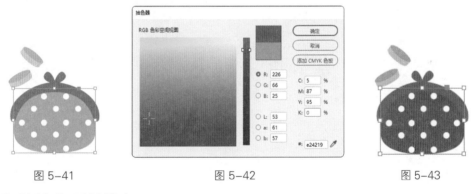

图 5-41　　　　　　　　　图 5-42　　　　　　　　　图 5-43

◎ 使用"颜色"面板填充

在 InDesign CC 2019 中,也可以通过"颜色"面板设置对象的填充色,单击"颜色"面板右上方的按钮≡,在弹出的菜单中选择当前取色时使用的颜色模式。无论选择哪一种颜色模式,面板中都将显示出相应的颜色内容,如图 5-44 所示。

选择"窗口 > 颜色 > 颜色"命令,弹出"颜色"面板。"颜色"面板上的按钮◪用来进行填充颜色和描边颜色之间的互相切换,操作方法与工具箱中按钮◪的使用方法相同。

将鼠标指针移动到取色区域,鼠标指针变为吸管形状,单击可以选取颜色,如图 5-45 所示。拖曳各个颜色滑块或在各个文本框中输入有效的数值,可以调配出更精确的颜色。

在更改或设置对象的颜色时,单击已有的对象,在"颜色"面板中调配出新颜色,如图 5-46 所示,新调配的颜色将被应用到当前选取的对象中,如图 5-47 所示。

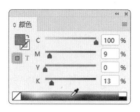
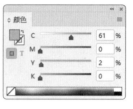

图 5-44　　　　　　　　　图 5-45　　　　　　　　　图 5-46　　　　　　　　　图 5-47

◎ 使用"色板"面板填充

选择"窗口 > 颜色 > 色板"命令，弹出"色板"面板，如图 5-48 所示。在"色板"面板中单击需要的颜色，可以填充选取的图形。

选择"选择"工具，选取需要填充的图形，如图 5-49 所示。在"色板"面板中，单击面板右上方的按钮，在弹出的菜单中选择"新建颜色色板"命令，弹出"新建颜色色板"对话框，设置如图 5-50 所示，单击"确定"按钮，图形的填充效果如图 5-51 所示。

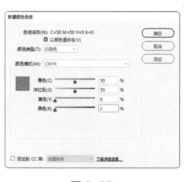

图 5-48　　　　　　　　　图 5-49　　　　　　　　　图 5-50　　　　　　　　　图 5-51

在"色板"面板中按住鼠标左键并拖曳需要的颜色到要填充的路径或图形上，松开鼠标左键，也可以填充图形或描边。

③ 渐变填充

◎ 创建渐变填充

选取需要的图形，如图 5-52 所示。选择"渐变色板"工具，在图形中需要的位置设置渐变的起点并按住鼠标左键拖曳，到合适的位置确定渐变的终点，如图 5-53 所示，松开鼠标左键，图形的渐变填充的效果如图 5-54 所示。

选取需要的图形，如图 5-55 所示。选择"渐变羽化"工具，在图形中需要的位置设置渐变的起点并按住鼠标左键拖曳，到合适的位置确定渐变的终点，如图 5-56 所示，松开鼠标左键，图形的渐变羽化的效果如图 5-57 所示。

图 5-52　　　　图 5-53　　　　图 5-54　　　　图 5-55　　　　图 5-56　　　　图 5-57

◎ "渐变"面板

在"渐变"面板中可以设置渐变参数，可以选择"线性"渐变或"径向"渐变，可以设置渐变的起始颜色、中间颜色和终止颜色，还可以设置渐变的位置和角度。

选择"窗口>颜色>渐变"命令，弹出"渐变"面板，如图5-58所示。从"类型"下拉列表中选择"线性"或"径向"渐变方式，如图5-59所示。

"角度"文本框将显示当前的渐变角度，如图5-60所示。重新输入角度，如图5-61所示，按 Enter 键，改变渐变的角度，如图5-62所示。

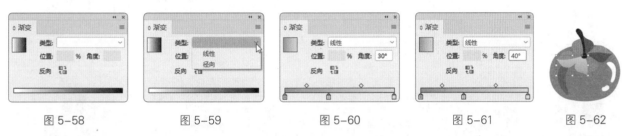

图 5-58　　　　　图 5-59　　　　　图 5-60　　　　　图 5-61　　　　　图 5-62

单击"渐变"面板下面的颜色滑块，"位置"文本框会显示该滑块在渐变颜色中的颜色位置百分比，如图5-63所示，拖曳该滑块，改变该颜色的位置，将改变颜色的渐变梯度，如图5-64所示。

单击"渐变"面板中的"反向渐变"按钮，可将色谱条中的渐变反向，如图5-65所示。

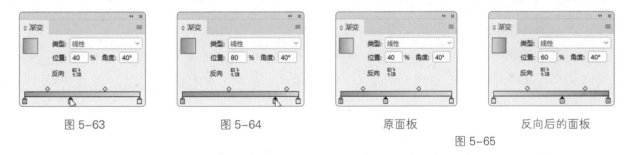

图 5-63　　　　　图 5-64　　　　　原面板　　　　　反向后的面板

图 5-65

在渐变色谱条底部单击，可以添加一个颜色滑块，如图5-66所示，在"颜色"面板中调配颜色，如图5-67所示，改变添加的滑块的颜色，如图5-68所示。在颜色滑块上方按住鼠标左键并将其拖曳出"渐变"面板，可以直接删除相应颜色滑块。

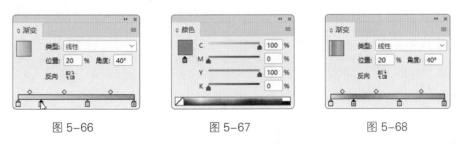

图 5-66　　　　　图 5-67　　　　　图 5-68

◎ 渐变填充的样式

选择需要的图形，如图5-69所示。双击"渐变色板"工具或选择"窗口>颜色>渐变"命令，弹出"渐变"面板。在"渐变"面板的色谱条中，显示默认的白色到黑色的线性渐变样式，如图5-70所示。在"渐变"面板的"类型"下拉列表中选择"线性"选项，如图5-71

所示，图形将被线性渐变填充，效果如图 5-72 所示。

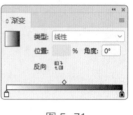

图 5-69 　　　　　　　　图 5-70 　　　　　　　　图 5-71 　　　　　　　　图 5-72

单击"渐变"面板中的起始颜色滑块，如图 5-73 所示，在"颜色"面板中设置渐变的起始颜色。单击终止颜色滑块，如图 5-74 所示，设置渐变的终止颜色，效果如图 5-75 所示。图形的线性渐变填充效果如图 5-76 所示。

图 5-73 　　　　　　　　图 5-74 　　　　　　　　图 5-75 　　　　　　　　图 5-76

拖曳色谱条上边的控制滑块，可以改变颜色的渐变位置，如图 5-77 所示，这时"位置"文本框中的数值也会随之发生变化。同样，设置"位置"文本框中的数值也可以改变颜色的渐变位置，图形的线性渐变填充效果也将改变，如图 5-78 所示。

如果要改变颜色渐变的方向，可以选择"渐变色板"工具直接在图形中拖曳。当需要精确地改变渐变方向时，可通过"渐变"面板中的"角度"文本框来控制图形的渐变方向。

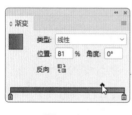

图 5-77 　　　　　　　　图 5-78

选择绘制好的图形，如图 5-79 所示。双击"渐变色板"工具或选择"窗口 > 颜色 > 渐变"命令，弹出"渐变"面板。在"渐变"面板的色谱条中，显示默认的白色到黑色的线性渐变样式，如图 5-80 所示。在"渐变"面板的"类型"下拉列表中选择"径向"选项，如图 5-81 所示，图形将被径向渐变填充，效果如图 5-82 所示。

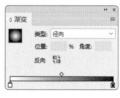

图 5-79 　　　　　　　　图 5-80 　　　　　　　　图 5-81 　　　　　　　　图 5-82

　　单击"渐变"面板中的起始颜色滑块□或终止颜色滑块□，在"颜色"面板中改变图形的渐变颜色，效果如图5-83所示。拖曳色谱条上边的控制滑块，可以改变颜色的中心渐变位置，效果如图5-84所示。选择"渐变色板"工具□后，在渐变区域按住鼠标左键拖曳，可改变径向渐变的中心位置，效果如图5-85所示。

图 5-83　　　　　　图 5-84　　　　　　图 5-85

④ "色板"面板

　　"色板"面板提供多种颜色，并且允许添加和存储自定义的色板。选择"窗口 > 颜色 > 色板"命令，弹出"色板"面板，如图5-86所示。

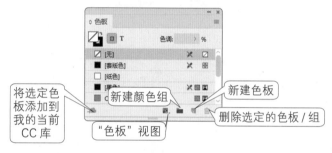

图 5-86

⑤ 创建和更改色调

◎ 通过"色板"面板添加新的色调色板

　　在"色板"面板中选取一个色板，如图5-87所示，在"色板"面板上方拖曳滑块或在"色调"文本框中输入需要的数值，如图5-88所示。单击面板下方的"新建色板"按钮□，在面板中将生成以基准颜色的名称和色调的百分比为名称的色板，如图5-89所示。

图 5-87　　　　　　图 5-88　　　　　　图 5-89

　　在"色板"面板中选取一个色板，在"色板"面板上方拖曳滑块到适当的位置，单击右上方的按钮▤，在弹出的菜单中选择"新建色调色板"命令也可以添加新的色调色板。

◎ 通过"颜色"面板添加新的色调色板

　　在"色板"面板中选取一个色板，如图5-90所示，在"颜色"面板中拖曳滑块或在文本框中输入需要的数值，如图 5-91 所示。单击面板右上方的按钮≡，在弹出的菜单中选择"添加到色板"命令，如图 5-92 所示。在"色板"面板中将自动生成新的色调色板，如图 5-93 所示。

图 5-90　　　　　　　　　图 5-91　　　　　　　　　图 5-92　　　　　　　　　图 5-93

6　在对象之间复制属性

使用吸管工具可以将一个图形对象的属性（如描边、颜色、透明属性等）复制到另一个图形对象中，可以快速、准确地编辑属性相同的图形对象。

选择"选择"工具▶，选取需要的图形，如图 5-94 所示，选择"吸管"工具✒，将鼠标指针放在被复制属性的图形上，如图 5-95 所示，单击吸取被复制图形的属性，选取的图形属性发生改变，效果如图 5-96 所示。

当使用"吸管"工具✒吸取对象属性后，按住 Alt 键，吸管会转变方向并显示为空吸管，表示可以吸新的属性。不松开 Alt 键，单击新的对象，如图 5-97 所示，吸取新对象的属性，效果如图 5-98 所示。

图 5-94　　　　　　图 5-95　　　　　　图 5-96　　　　　　图 5-97　　　　　　图 5-98

5.1.4　任务实施

（1）按 Ctrl+O 组合键，弹出"打开文件"对话框，在对话框中打开云盘中的"Ch05 > 素材 >5.1- 绘制风景插画 > 01"文件，如图 5-99 所示。选择"选择"工具▶，选取下方的矩形，如图 5-100 所示。

（2）选择"窗口 > 颜色 > 颜色"命令，在弹出的"颜色"面板中设置 CMYK 的值为 0、90、25、0，如图 5-101 所示，按 Enter 键；并设置描边色为无，效果如图 5-102 所示。

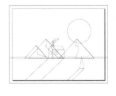

图 5-99　　　　　　图 5-100　　　　　　图 5-101　　　　　　图 5-102

（3）选择"选择"工具▶，选取上方的矩形，双击"渐变色板"工具▣，弹出"渐变"面板，在"类型"下拉列表中选择"线性"选项，在色谱条上选取左侧的颜色滑块，设置CMYK的值为0、33、52、0，选中右侧的颜色滑块，设置CMYK的值为0、26、100、0，如图5-103所示，并设置描边色为无，效果如图5-104所示。

（4）选择"选择"工具▶，选取右侧需要的图形，如图5-105所示。在"颜色"面板中设置CMYK的值为65、0、20、0，如图5-106所示，按Enter键；并设置描边色为无，效果如图5-107所示。

 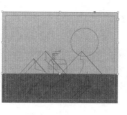 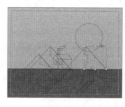  

图5-103　　　　　图5-104　　　　　图5-105　　　　　图5-106　　　　　图5-107

（5）选择"选择"工具▶，选取需要的三角形，如图5-108所示，双击"渐变色板"工具▣，弹出"渐变"面板，在"类型"下拉列表中选择"线性"选项，在色谱条上选取左侧的颜色滑块，设置CMYK的值为0、0、0、90，选取右侧的颜色滑块，设置CMYK的值为0、0、0、100，如图5-109所示，并设置描边色为无，效果如图5-110所示。

 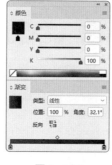 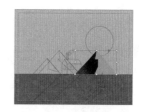

图5-108　　　　　　　图5-109　　　　　　　图5-110

（6）用上述相同的方法填充其他图形，效果如图5-111所示。选择"选择"工具▶，在按住Shift键的同时，依次单击需要的矩形，如图5-112所示。

（7）在"颜色"面板中设置CMYK值为0、90、25、0，如图5-113所示，按Enter键；并设置描边色为无，取消其选取状态，效果如图5-114所示。

   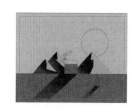

图5-111　　　　　图5-112　　　　　图5-113　　　　　图5-114

（8）选择"选择"工具▶，在按住 Shift 键的同时，依次单击需要的矩形，如图 5-115 所示。设置描边色为白色，并在控制面板中将"描边粗细" $\updownarrow$ 0.283 点 设为 1 点，按 Enter 键，取消其选取状态，效果如图 5-116 所示。

（9）用相同的方法填充其他图形，效果如图 5-117 所示。选择"选择"工具▶，选取圆形，设置填充色为白色，并设置描边色为无，效果如图 5-118 所示。

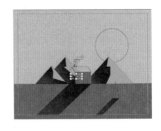 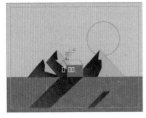  

图 5-115　　　　　　图 5-116　　　　　　图 5-117　　　　　　图 5-118

（10）选择"渐变羽化"工具▦，在图形中按住鼠标左键并向右下侧拖曳，如图 5-119 所示，松开鼠标左键后，渐变羽化的效果如图 5-120 所示。在页面空白处单击，取消图形的选取状态。

风景插画绘制完成，效果如图 5-121 所示。

图 5-119　　　　　　　　图 5-120　　　　　　　　图 5-121

5.1.5　扩展实践：绘制蝴蝶插画

使用"置入"命令置入图片；使用"旋转"选项旋转图片；使用"钢笔"工具和"渐变色板"工具制作蝴蝶图形；使用"文字"工具、"渐变色板"工具和"描边"面板制作文字。最终效果参看云盘中的"Ch05 > 效果 > 5.1.5 扩展实践：绘制蝴蝶插画"，如图 5-122 所示。

微课

绘制蝴蝶插画

图 5-122

任务 5.2　制作房地产名片

5.2.1　任务引入

本任务是要为一家房地产公司的项目经理制作名片。要求设计突出房地产主题，具有时尚、现代感，能够吸引客户的注意。

5.2.2　设计理念

设计时，以粉紫色为主色调，选用楼群实景照片作为背景，突出行业特色，居右，文字居左，使画面饱满和谐。最终效果参看云盘中的"Ch05 > 效果 > 5.2- 制作房地产名片"，如图 5-123 所示。

图 5-123

5.2.3　任务知识："效果"面板

① 不透明度

选择"选择"工具▶，选取需要的图形对象，如图 5-124 所示。选择"窗口 > 效果"命令或按 Ctrl+Shift+F10 组合键，弹出"效果"面板，在"不透明度"文本框中输入需要的数值，"组：正常"选项的百分比自动显示为设置的数值，如图 5-125 所示，图形的不透明度效果如图 5-126 所示。

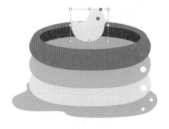

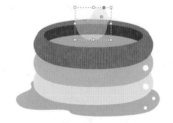

图 5-124　　　　　　图 5-125　　　　　　图 5-126

选择"描边：正常 100%"选项，在"不透明度"文本框中输入需要的数值，"描边：正常"选项的百分比自动显示为设置的数值，如图 5-127 所示，图形描边的不透明度效果如图 5-128 所示。

选择"填充：正常 100%"选项，在"不透明度"文本框中输入需要的数值，"填充：正常"选项的百分比自动显示为设置的数值，如图 5-129 所示，图形填充的不透明度效果如图 5-130 所示。

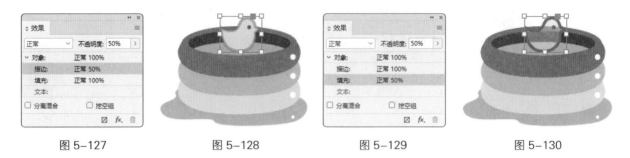

图 5-127　　　　　　图 5-128　　　　　　图 5-129　　　　　　图 5-130

② 混合模式

使用混合模式选项可以在两个重叠对象间混合颜色，更改上层对象与底层对象间颜色的混合方式。使用混合模式制作出的效果如图 5-131 所示。

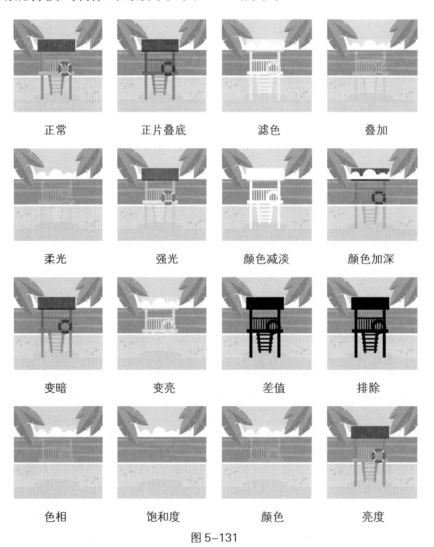

正常　　　　　　正片叠底　　　　　　滤色　　　　　　叠加

柔光　　　　　　强光　　　　　　颜色减淡　　　　　　颜色加深

变暗　　　　　　变亮　　　　　　差值　　　　　　排除

色相　　　　　　饱和度　　　　　　颜色　　　　　　亮度

图 5-131

③ 特殊效果

特殊效果用于向选定的目标添加特殊的效果，使图形对象产生变化。单击"效果"面板下方的"向选定的目标添加对象效果"按钮，在弹出的菜单中选择需要的命令，如图 5-132 所示，为对象添加不同的效果。示例效果如图 5-133 所示。

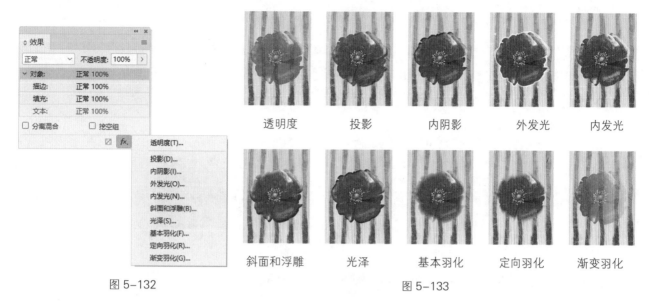

图 5-132　　　　　　　　　　　　　　　　　　　　图 5-133

④ 清除效果

选取应用了效果的图形，在"效果"面板中单击"清除所有效果并使对象变为不透明"按钮☑，清除对象应用的效果。选择"对象 > 效果 > 清除效果"命令或单击"效果"面板右上方的按钮☰，在弹出的菜单中选择"清除效果"命令，可以清除图形对象的特殊效果；选择"清除全部透明度"命令，可以清除图形对象应用的所有效果。

5.2.4 任务实施

（1）选择"文件 > 新建 > 文档"命令，弹出"新建文档"对话框，设置如图 5-134 所示。单击"边距和分栏"按钮，弹出"新建边距和分栏"对话框，设置如图 5-135 所示，单击"确定"按钮，新建一个页面。选择"视图 > 其他 > 隐藏框架边缘"命令，将所绘制图形的框架边缘隐藏。

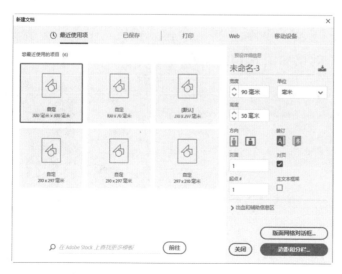

图 5-134　　　　　　　　　　　　　　　　　　　　图 5-135

（2）选择"文件 > 置入"命令，弹出"置入"对话框，选择云盘中的"Ch05 > 素材 > 5.2-制作房地产名片 > 01"文件，单击"打开"按钮，在页面空白处单击置入图片。选择"自由变换"工具，将图片拖曳到适当的位置并调整其大小，效果如图5-136所示，选择"选择"工具，分别裁剪图片的上下两边，效果如图5-137所示。

图5-136　　　　　　　　　　图5-137

（3）单击控制面板中的"向选定的目标添加对象效果"按钮，在弹出的菜单中选择"渐变羽化"命令，弹出"效果"对话框，设置如图5-138所示；单击"确定"按钮，效果如图5-139所示。

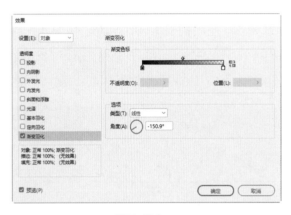　

图5-138　　　　　　　　　　　　　图5-139

（4）选择"矩形"工具，绘制一个与页面大小相等的矩形，设置填充色为白色，并设置描边色为无，效果如图5-140所示。

（5）选择"窗口 > 效果"命令，弹出"效果"面板，将混合模式设置为"柔光"，其他选项的设置如图5-141所示，按Enter键，效果如图5-142所示。

图5-140　　　　　　　图5-141　　　　　　　图5-142

（6）选择"文字"工具，在适当的位置绘制文本框并输入需要的文字。选取输入的文字，在控制面板中分别选择合适的字体并设置文字大小，效果如图5-143所示。

（7）选择"直线"工具 ✐，在按住 Shift 键的同时，在适当的位置拖曳鼠标指针绘制一条竖线，在控制面板中将"描边粗细" ⟨ 0.283 点 ∨ 设为 0.5 点，按 Enter 键，效果如图 5-144 所示。

图 5-143　　　　　　　　　　　　图 5-144

（8）选择"矩形"工具 ▢，在适当的位置绘制一个矩形，设置图形填充色的 CMYK 值为 47、44、0、0，并设置描边色为无，效果如图 5-145 所示。在控制面板中将"不透明度" ▣ 100% ∨ 设为 30%，按 Enter 键，效果如图 5-146 所示。

（9）选取并复制记事本文档中需要的文字，返回 InDesign 页面，选择"文字"工具 T，在适当的位置绘制一个文本框，将复制的文字粘贴到文本框中，选取输入的文字，在控制面板中设置合适的字体和文字大小，填充文字为白色，效果如图 5-147 所示。在控制面板中将"行距" 🅰⟨ 0点 ∨ 设为 11 点，按 Enter 键，取消文字选取状态，效果如图 5-148 所示。

图 5-145　　　　　图 5-146　　　　　图 5-147　　　　　图 5-148

（10）选择"矩形"工具 ▢，在适当的位置绘制一个矩形，设置图形填充色的 CMYK 值为 30、100、100、0，并设置描边色为无，效果如图 5-149 所示。选择"直接选择"工具 ▷，向下拖曳右上角的锚点到适当的位置，效果如图 5-150 所示。用相同的方法绘制其他图形并填充相应的颜色，效果如图 5-151 所示。

（11）选择"选择"工具 ▶，在按住 Shift 键的同时，选取需要的图形，如图 5-152 所示，选择"效果"面板，将混合模式设为"正片叠底"，其他选项的设置如图 5-153 所示；按 Enter 键，效果如图 5-154 所示。

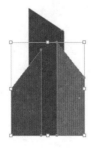

图 5-149　　　图 5-150　　　　图 5-151　　　　图 5-152　　　　图 5-153　　　　图 5-154

（12）选择"文字"工具 T，在适当的位置绘制文本框，在其中输入需要的文字。选取输入的文字，在控制面板中分别选择合适的字体并设置文字大小，效果如图5-155所示。选择"选择"工具 ，用框选的方法将所绘制的图形和文字同时选取，并将其拖曳到页面中适当的位置，效果如图5-156所示。房地产名片制作完成。

图 5-155

图 5-156

5.2.5　扩展实践：绘制电话图标

使用"椭圆"工具、"渐变色板"工具绘制图标；使用"投影"命令为图标添加投影效果；使用"外发光"命令为图标添加外发光效果；使用"文字"工具添加图标文字。最终效果参看云盘中的"Ch05 > 效果 > 5.2.5扩展实践：绘制电话图标"，如图5-157所示。

微课

绘制电话图标

图 5-157

任务 5.3　项目演练：绘制小丑头像

微课

绘制小丑头像

5.3.1　任务引入

本任务是绘制小丑头像，要求设计表现出小丑的特点，色彩鲜艳，令人印象深刻。

5.3.2　设计理念

设计时，选择简单的图形组合成小丑头像，突出趣味性；通过夸张的颜色碰撞体现小丑的特色。最终效果参看云盘中的"Ch05 > 效果 > 5.3-绘制小丑头像"，如图5-158所示。

图 5-158

项目6

文本编辑方法——
文本与文本效果

06

InDesign CC 2019具有强大的编辑和处理文本的能力。通过本项目的学习，读者可以了解并掌握应用InDesign CC 2019处理文本的方法和技巧，为在排版工作中快速处理文本打下良好的基础。

学习引导

知识目标

- 认识文本与文本框
- 认识各种文本效果

能力目标

- 掌握文本及文本框的编辑技巧
- 掌握文本效果的使用技巧

素养目标

- 提高文学修养
- 培养对文本与文本效果的应用能力

实训项目

- 制作家具画册内页
- 制作蔬菜卡

任务 6.1　制作家具画册内页

微课

制作家具画册
内页

6.1.1　任务引入

本任务是为某家具公司制作家具宣传册的内页，要求体现出节能环保的宣传理念。

6.1.2　设计理念

设计时，以实景照片作为背景，紧扣宣传主题；整体颜色的搭配清新、干净，图文相辅相成，提高客户浏览的愉悦感。最终效果参看云盘中的"Ch06 > 效果 > 6.1- 制作家具画册内页"，如图 6-1 所示。

图 6-1

6.1.3　任务知识：文本与文本框

1 使用文本框

◎ 创建文本框

选择"文字"工具 T，在页面中适当的位置按住鼠标左键不放拖曳鼠标指针到适当的位置，如图 6-2 所示。松开鼠标左键即可创建文本框，文本框中会出现插入点，如图 6-3 所示。在拖曳时按住 Shift 键，可以绘制正方形的文本框，如图 6-4 所示。

图 6-2　　　　　　　　图 6-3　　　　　　　　图 6-4

◎ 移动和缩放文本框

选择"选择"工具 ▶，直接拖曳文本框至需要的位置。

选择"文字"工具 T，在按住 Ctrl 键的同时，将鼠标指针置于已有的文本框中，鼠标指针变为"选择"工具图标 ▶，如图 6-5 所示。按住鼠标左键并拖曳文本框至适当的位置，如图 6-6 所示。松开鼠标左键和 Ctrl 键，被移动的文本框完成移动并处于被选取状态，如图 6-7 所示。

在文本框中编辑文本时，也可按住 Ctrl 键移动文本框。用这个方法移动文本框可以不用切换工具，也不会丢失当前的插入点或被选取的文本。

选择"选择"工具 ▶，选取需要的文本框，拖曳文本框的锚点，可以缩放文本框。

选择"文字"工具 T，按住 Ctrl 键，将鼠标指针置于要缩放的文本上，将自动显示该文本的文本框，如图 6-8 所示。拖曳文本框上的锚点到适当的位置，如图 6-9 所示，可以缩放文本框，效果如图 6-10 所示。

提示 　　选择"选择"工具 ▶，选取需要的文本框，按住 Ctrl 键或选择"缩放"工具 ⊡，可缩放文本框及文本框中的文本。

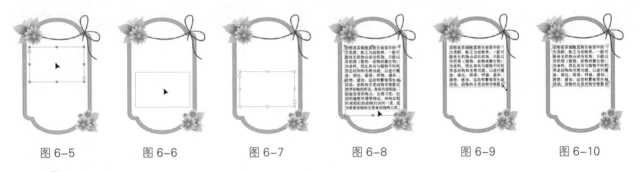

图 6-5　　　　图 6-6　　　　图 6-7　　　　图 6-8　　　　图 6-9　　　　图 6-10

❷ 添加文本

◎ 输入文本

选择"文字"工具 T，在页面中适当的位置按住鼠标左键拖曳鼠标指针创建文本框，当松开鼠标左键时，文本框中会出现插入点，直接输入文本即可。

选择"选择"工具 ▶ 或选择"直接选择"工具 ▷，在已有的文本框内双击，文本框中会出现插入点，直接输入文本即可。

◎ 粘贴文本

可以从 InDesign 文档或其他应用程序中粘贴文本。当从其他程序中粘贴文本时，通过设置选择"编辑 > 首选项 > 剪贴板处理"命令弹出的对话框中的选项，决定 InDesign 是否保留原来的格式，以及是否将用于文本格式的任意样式都添加到段落样式面板中。

◎ 置入文本

选择"文件 > 置入"命令，弹出"置入"对话框，在对话框中选择要置入的文件，如图 6-11 所示。单击"打开"按钮，在适当的位置拖曳鼠标指针置入文本，效果如图 6-12 所示。

如果没有指定接收文本框，鼠标指针会变为加载文本图标 ▤，单击或拖曳鼠标指针可置入文本。

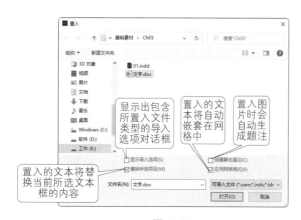
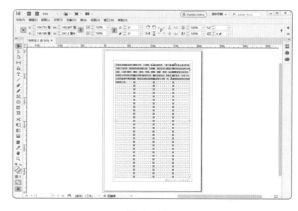

图 6-11　　　　　　　　　　　　　　　　　　图 6-12

◎ 使框架适合文本

选择"选择"工具 ▶，选取需要的文本框，如图 6-13 所示。选择"对象 > 适合 > 使框架适合内容"命令，可以使文本框适合文本，效果如图 6-14 所示。

如果文本框中有过剩的文本，可以使用"使框架适合内容"命令自动扩展文本框的底部来适应文本内容。如果文本框是串接的一部分，则不能使用此命令扩展文本框。

图 6-13　　　　　　　图 6-14

❸ 串接文本框

文本框中的文字可以独立于其他的文本框或是在相互连接的文本框中流动。相互连接的文本框可以在同一个页面，也可以在不同的页面。文本串接是指在文本框之间连接文本的过程。

选择"视图 > 其他 > 显示文本串接"命令，选择"选择"工具 ▶，选取任意文本框，显示文本串接，如图 6-15 所示。

图 6-15

◎ 创建串接文本框

选择"选择"工具 ▶，选取需要的文本框，如图 6-16 所示。单击它的出口调出加载文本图标 ，在文档中适当的位置按住鼠标左键拖曳出新的文本框，如图 6-17 所示。松开鼠标左键，创建串接文本框，过剩的文本自动流入新创建的文本框中，效果如图 6-18 所示。

图 6-16　　　　　　　　　图 6-17　　　　　　　　　图 6-18

选择"选择"工具，将鼠标指针置于要创建串接的文本框的出口，如图 6-19 所示。单击调出加载文本图标，将其置于要连接的文本框之上，加载文本图标变为串接图标，如图 6-20 所示。单击创建两个文本框间的串接，效果如图 6-21 所示。

图 6-19   图 6-20   图 6-21

◎ 取消文本框串接

选择"选择"工具，单击与其他文本框串接的文本框的出口（或入口），如图 6-22 所示，出现加载文本图标后，将其置于文本框内，使其显示为解除串接图标，如图 6-23 所示，单击该文本框，即可取消文本框之间的串接，效果如图 6-24 所示。

图 6-22   图 6-23   图 6-24

选择"选择"工具，选取一个串接文本框，双击该文本框的出口，也可以取消文本框之间的串接。

◎ 手工或自动排文

在置入文本或是单击文本框的出入口后，鼠标指针变为加载文本图标时，就可以在页面上排文了。当加载文本图标位于辅助线或网格的捕捉点时，它会变为白色图标。

选择"选择"工具，单击文本框的出口，鼠标指针会变为加载文本图标，拖曳到适当的位置，如图 6-25 所示，单击创建一个与栏宽等宽的文本框，文本自动排入文本框中，效果如图 6-26 所示。

图 6-25   图 6-26

选择"选择"工具，单击文本框的出口，如图 6-27 所示，鼠标指针会变为加载文本图标，按住 Alt 键，鼠标指针变为半自动排文图标，拖曳到适当的位置，如图 6-28 所示。单击创建一个与栏宽等宽的文本框，文本被排入框中，如图 6-29 所示。不松开 Alt 键，继续在适当的位置单击，可置入过剩的文本，效果如图 6-30 所示，松开 Alt 键，鼠标指针会自动变为加载文本图标。

选择"选择"工具，单击文本框的出口，鼠标指针会变为加载文本图标，在按住 Shift 键的同时，鼠标指针变为自动排文图标，拖曳到适当的位置，如图 6-31 所示，单击自动创建与栏宽等宽的多个文本框，效果如图 6-32 所示。若文本超出文档页面，将自动新建文档页面，直到所有的文本都排入文档中。

图 6-27

图 6-28

图 6-29

图 6-30

图 6-31

图 6-32

提示

进行自动排文本时，鼠标指针变为加载文本图标后，按住 Shift+Alt 组合键，鼠标指针会变为固定页面自动排文图标；在页面中排文时单击，可以将所有文本都自动排列到当前页面中，但不添加页面，任何剩余的文本都将成为溢流文本。

④ 设置文本框属性

选择"选择"工具，选取一个文本框，如图 6-33 所示。选择"对象 > 文本框架选项"命令，弹出"文本框架选项"对话框，在其中设置需要的数值，如图 6-34 所示，单击"确定"按钮，效果如图 6-35 所示。

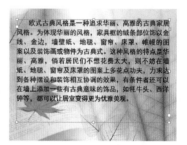
图 6-33

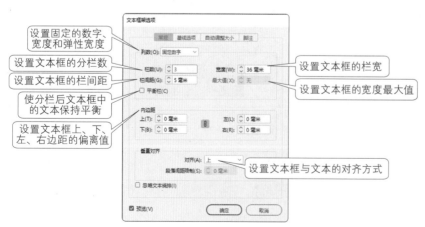
图 6-34

图 6-35

⑤ 插入字形

选择"文字"工具 T，在文本框中插入插入点，如图 6-36 所示。选择"文字 > 字形"命令或按 Alt+Shift+F11 组合键，弹出"字形"面板，在面板下方设置需要的字体和字体风格，选取需要的字形，如图 6-37 所示，双击字形图标在文本中应用字形，效果如图 6-38 所示。

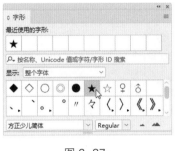

图 6-36   图 6-37   图 6-38

6.1.4 任务实施

（1）选择"文件 > 新建 > 文档"命令，弹出"新建文档"对话框，设置如图 6-39 所示。单击"边距和分栏"按钮，弹出"新建边距和分栏"对话框，设置如图 6-40 所示，单击"确定"按钮，新建一个页面。选择"视图 > 其他 > 隐藏框架边缘"命令，将所绘制图形的框架边缘隐藏。

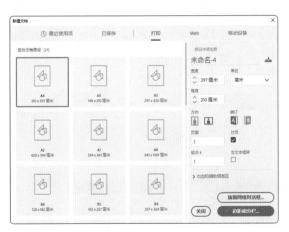

图 6-39   图 6-40

（2）选择"文件 > 置入"命令，弹出"置入"对话框，选择云盘中的"Ch06 > 素材 > 6.1-制作家具画册内页 > 01"文件，单击"打开"按钮，在页面空白处单击置入图片。选择"自由变换"工具 ，将图片拖曳到适当的位置并调整其大小。选择"选择"工具 ，裁剪图片，效果如图 6-41 所示。

（3）选择"矩形"工具 ，在适当的位置拖曳鼠标指针分别绘制矩形，如图 6-42 所示，选择"选择"工具 ，将所绘制的矩形同时选取，设置图形填充色的 CMYK 值为 100、15、0、0，并设置描边色为无，效果如图 6-43 所示。

图6-41

图6-42

图6-43

（4）选择"选择"工具 ，在标尺上按住鼠标左键并向下拖曳出一条水平参考线，在控制面板中将"Y"设为156毫米，如图6-44所示。按Enter键，效果如图6-45所示。

图6-44

图6-45

（5）按Ctrl+O组合键，弹出"打开文件"对话框，在对话框中打开云盘中的"Ch06＞素材＞6.1-制作家具画册内页＞02"文件，按Ctrl+A组合键，全选其中的图形。按Ctrl+C组合键，复制选取的图形。返回到正在编辑的页面中，按Ctrl+V组合键，将复制的图形粘贴到页面中，并将其拖曳到适当的位置，效果如图6-46所示。

（6）选取并复制记事本文档中需要的文字，返回到InDesign页面，选择"文字"工具 ，在适当的位置绘制文本框，将复制的文字粘贴到文本框中，选取输入的文字，在控制面板中选择合适的字体并设置文字大小，效果如图6-47所示。选取文字"简欧风"，在控制面板中选择合适的字体，取消文字的选取状态，效果如图6-48所示。

图6-46   图6-47   图6-48

（7）选取并复制记事本文档中需要的文字，返回InDesign页面，选择"文字"工具 ，在适当的位置绘制文本框，将复制的文字粘贴到文本框中，选取输入的文字，在控制面板中设置合适的字体和文字大小，效果如图6-49所示。在控制面板中将"行距" 设为11点，按Enter键，效果如图6-50所示。

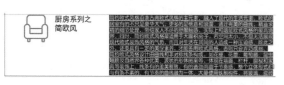
图6-49

图6-50

（8）保持文字的选取状态。按 Ctrl+Alt+T 组合键，弹出"段落"面板，设置如图 6-51 所示；按 Enter 键，效果如图 6-52 所示。

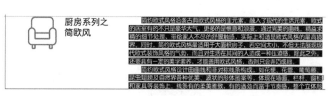

图 6-51   图 6-52

（9）选择"选择"工具 ▶，选取文字，单击文本框的出口，如图 6-53 所示，当鼠标指针会变为加载文本图标 时，将其移动到适当的位置，如图 6-54 所示，拖曳鼠标指针，文本自动排入框中，效果如图 6-55 所示。在页面空白处单击，取消文字的选取状态，家具画册内页制作完成，效果如图 6-56 所示。

图 6-53   图 6-54

图 6-55   图 6-56

6.1.5 扩展实践：制作中秋节广告

使用"矩形"工具、"渐变色板"工具和"置入"命令制作背景；使用"钢笔"工具、"置入"命令添加装饰图案；使用"椭圆"工具、"渐变羽化"选项绘制月亮图形；使用"文字"工具添加宣传文字。最终效果参看云盘中的"Ch06 > 效果 > 6.1.5 扩展实践：制作中秋节广告"，如图 6-57 所示。

图 6-57

微课

制作中秋节广告

任务 6.2　制作蔬菜卡

6.2.1　任务引入

本任务是制作蔬菜卡，将蔬菜的相关知识设计成卡片的形式，帮助孩子学习和认识蔬菜，每张卡片都包括一种蔬菜的图样与简介，可以提高孩子的学习兴趣。要求设计图文并茂，颜色明亮。

6.2.2　设计理念

在设计思路上，以绿色为主，体现环境保护的主体思想，色块及图片的搭配清新、干净，体现人与自然和谐相处，相辅相成的概念。最终效果参看云盘中的"Ch06 > 效果 > 6.2- 制作蔬菜卡"，如图 6-58 所示。

图 6-58

6.2.3　任务知识：文本效果

1　文本绕排

◎ 文本绕排面板

选择"选择"工具▶，选取需要的图片，如图 6-59 所示。选择"窗口 > 文本绕排"命令，弹出"文本绕排"面板，如图 6-60 所示。单击需要的绕排按钮，可制作出不同的文本绕排效果，如图 6-61 所示。

图 6-59　　　　　　　　图 6-60

在绕排位移参数中输入正值，绕排将远离边缘；若输入负值，绕排边界将位于框架边缘内部。

沿定界框绕排　　　沿对象形状绕排　　　上下型绕排　　　下型绕排

图 6-61

◎ 沿对象形状绕排

当单击"沿对象形状绕排"按钮██时，"轮廓选项"选项被激活，可在"类型"下拉列表中选择绕排轮廓类型。这种绕排形式通常是通过导入的图形来绕排文本的。

选择"选择"工具██，选取导入的图形，如图 6-62 所示。在"文本绕排"面板中单击"沿对象形状绕排"按钮██，在"类型"下拉列表中选择需要的选项，如图 6-63 所示，文本绕排效果如图 6-64 所示。

图 6-62

图 6-63

定界框

检测边缘

Alpha 通道

图形框架

与剪切路径相同

图 6-64

勾选"包含内边缘"复选框，如图 6-65 所示，使文本显示在导入图形的内边缘，效果如图 6-66 所示。

图 6-65

图 6-66

2 路径文字

选择"路径文字"工具██ 和"垂直路径文字"工具██，在创建文本时，可以将文本沿着一个开放或闭合路径的边缘进行水平或垂直方向排列，路径可以是规则或不规则的。路径文字和其他文本框一样有入口和出口，如图 6-67 所示。

◎ 创建路径文字

选择"钢笔"工具██，绘制一条路径，如图 6-68 所示。

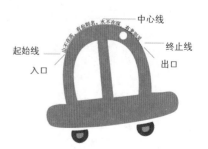

图 6-67

选择"路径文字"工具██，将鼠标指针悬停于路径上方，鼠标指针变为图标██，如图 6-69 所示，在路径上插入插入点，如图 6-70 所示，输入需要的文本，效果如图 6-71 所示。

图 6-68　　　　　图 6-69　　　　　图 6-70　　　　　图 6-71

提示　　若路径是有描边的，添加的文字也会保持描边；若要隐藏路径，用"选项" ▶ 工具或是"直接选择"工具 ▷ 选取路径，将填充色和描边色都设置为无即可。

◎ 编辑路径文字

选择"选择"工具 ▶，选取路径文字，如图 6-72 所示。将鼠标指针置于路径文字的起始线（或终止线）处，直到鼠标指针变为 ▶，按住鼠标左键拖曳起始线（或终止线）至需要的位置，如图 6-73 所示，松开鼠标左键，改变路径文字的起始线位置，而终止线位置保持不变，效果如图 6-74 所示。

图 6-72　　　　　图 6-73　　　　　图 6-74

选择"选择"工具 ▶，选取路径文字，如图 6-75 所示。选择"文字 > 路径文字 > 选项"命令，弹出"路径文字选项"对话框，如图 6-76 所示。

图 6-75　　　　　　　　　　　图 6-76

在"效果"下拉列表中选择不同的选项可设置不同的效果，如图 6-77 所示。

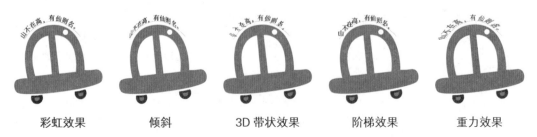

彩虹效果　　　　倾斜　　　　3D 带状效果　　　　阶梯效果　　　　重力效果

图 6-77

"效果"选项不变（以彩虹效果为例），在"对齐"下拉列表中选择不同的对齐方式，可得到不同的效果，如图6-78所示。

| 全角字框上方 | 居中 | 全角字框下方 | 表意字框上方 | 表意字框下方 | 基线 |

图6-78

"对齐"选项不变（以基线对齐为例），可以在"到路径"下拉列表中设置上、下或居中3种对齐参照，如图6-79所示。

"间距"选项是调整字符沿弯曲较大的曲线或锐角散开时的补偿，对直线上的字符没有作用。"间距"选项可以是正值，也可以是负值，效果如图6-80所示。

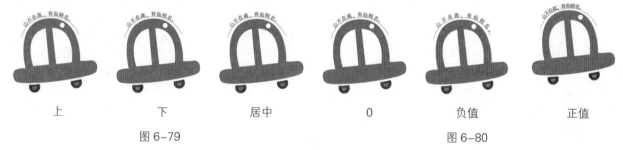

| 上 | 下 | 居中 | 0 | 负值 | 正值 |

图6-79   图6-80

选择"选择"工具▶，选取路径文字，如图6-81所示。将鼠标指针置于路径文字的中心线处，直到鼠标指针变为▶⊥，按住鼠标左键拖曳中心线至内部，如图6-82所示，松开鼠标左键，效果如图6-83所示。

图6-81   图6-82   图6-83

选择"文字 > 路径文字 > 选项"命令，弹出"路径文字选项"对话框，勾选"翻转"复选框，可将文字翻转。

③ 将文本转为路径

在 InDesign CC 2019 中，将文本转换为轮廓后，可以像对其他图形对象一样对其进行编辑和操作。通过这种方式，可以创建多种特殊文字效果。

选择"直接选择"工具▷，选取需要的文本框，如图6-84所示。选择"文字 > 创建轮廓"命令或按 Ctrl+Shift+O 组合键，将文本转为路径，效果如图6-85所示。

选择"文字"工具 T ，选取需要的字符，如图 6-86 所示。选择"文字 > 创建轮廓"命令或按 Ctrl+Shift+O 组合键，将字符转为路径，选择"直接选择"工具 ▷ ，选取转化后的文字，效果如图 6-87 所示。

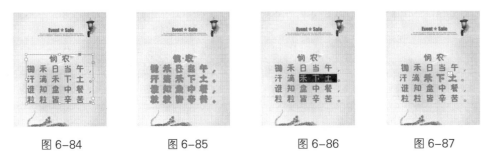

图 6-84   图 6-85   图 6-86   图 6-87

6.2.4 任务实施

（1）选择"文件 > 新建 > 文档"命令，弹出"新建文档"对话框，设置如图 6-88 所示。单击"边距和分栏"按钮，弹出"新建边距和分栏"对话框，设置如图 6-89 所示，单击"确定"按钮，新建一个页面。选择"视图 > 其他 > 隐藏框架边缘"命令，将所绘制图形的框架边缘隐藏。

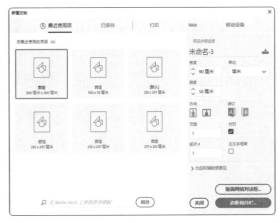

图 6-88

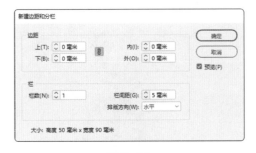

图 6-89

（2）选择"文件 > 置入"命令，弹出"置入"对话框，选择云盘中的"Ch06 > 素材 > 6.2-制作蔬菜卡 > 01、02"文件，单击"打开"按钮，在页面空白处分别单击置入图片。选择"自由变换"工具 ，分别将图片拖曳到适当的位置并调整其大小，效果如图 6-90 所示。选择"椭圆"工具 ，在按住 Shift 键的同时，在适当的位置拖曳鼠标指针绘制一个圆形，如图 6-91 所示。

图 6-90

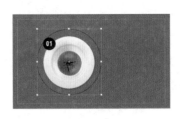

图 6-91

（3）选择"路径文字"工具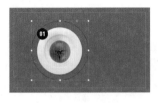时，将鼠标指针移动到路径边缘，当鼠标指针变为工时，如图 6-92 所示，单击在路径上插入插入点，输入需要的文字，如图 6-93 所示。选取输入的文字，在控制面板中设置合适的字体和文字大小，并将文字填充为白色，效果如图 6-94 所示。选择"选择"工具，选取路径文字，设置描边色为无，效果如图 6-95 所示。

| 图 6-92 | 图 6-93 | 图 6-94 | 图 6-95 |

（4）选取并复制记事本文档中需要的文字，返回到 InDesign 页面中，选择"文字"工具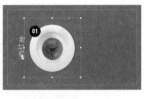，在适当的位置绘制文本框，将复制的文字粘贴到文本框中，选取输入的文字，在控制面板中设置合适的字体和文字大小，效果如图 6-96 所示。在控制面板中将"行距"设为 12 点，按 Enter 键，将文字填充为白色，取消文字的选取状态，效果如图 6-97 所示。

| 图 6-96 | 图 6-97 |

（5）选择"选择"工具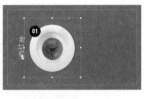，选取路径文字，选择"窗口 > 文本绕排"命令，弹出"文本绕排"面板，单击"沿对象形状绕排"按钮，设置如图 6-98 所示，按 Enter 键，绕排效果如图 6-99 所示。

蔬菜卡制作完成，效果如图 6-100 所示。

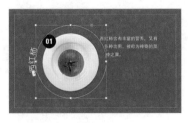

| 图 6-98 | 图 6-99 | 图 6-100 |

6.2.5　扩展实践：制作糕点宣传单内页

使用"置入"命令和"选择"工具置入图片；使用"矩形"工具和"文字"工具制作

标题文字；使用"文本绕排"面板制作图文绕排效果；使用"钢笔"工具和"路径文字"工具制作路径文字。最终效果参看云盘中的"Ch06 > 效果 > 6.2.5 扩展实践：制作糕点宣传单内页"，如图 6-101 所示。

制作糕点宣传单内页

图 6-101

任务 6.3   项目演练：制作飞机票宣传单

6.3.1   任务引入

本任务是为飞机票制作宣传单，要求设计体现出旅游度假的轻松愉悦，并通过文字说明机票优惠力度。

6.3.2   设计理念

设计时，以飞机图片作为背景主题，以明媚的阳光和怡人的景色烘托假日氛围；使用简单的文字变化，引导游客关注宣传口号；右上方详细介绍机票优惠活动，增加对游客的吸引力。最终效果参看云盘中的"Ch06 > 效果 > 6.3- 制作飞机票宣传单"，如图 6-102 所示。

制作飞机票宣传单1   制作飞机票宣传单2

图 6-102

项目7

版式编排应用技巧——字符与段落格式

07

在InDesign CC 2019中，可以便捷地设置字符的格式和段落的样式。通过本项目的学习，读者可以了解控制字符和段落格式、使用制表符的方法和技巧，并能熟练掌握字符样式和段落样式面板的操作，为今后快捷地进行版式编排打下良好的基础。

学习引导

知识目标

- 认识"文字"工具、"字符"面板与"段落"面板
- 了解字符样式与段落样式的概念

能力目标

- 掌握字符与段落格式的设制方法
- 掌握制表符的使用方法
- 掌握字符与段落样式的设置技巧

素养目标

- 提高对版式的审美能力
- 培养对版式编排的应用能力

实训项目

- 制作女装 Banner
- 制作传统台历

任务 7.1 制作女装 Banner

微课

制作女装
Banner

7.1.1 任务引入

本任务是为青春伊人站女装服饰店制作 Banner，要求设计能展现出该店夏季新款服饰的特色，突出优惠活动。

7.1.2 设计理念

设计时，以新款女装为主题，使用直观、醒目的文字来诠释广告内容，突出活动特色；画面色彩富有朝气，给人青春洋溢的感觉。最终效果参看云盘中的"Ch07 > 效果 > 7.1- 制作女装 Banner"，如图 7-1 所示。

图 7-1

7.1.3 任务知识：字符与段落格式

❶ 字符格式的设置

在 InDesign CC 2019 中，可以通过控制面板和"字符"面板设置字符的格式。这些格式包括文字的字体、字号、颜色、字符间距等。

选择"文字"工具 **T** 后的控制面板如图 7-2 所示。

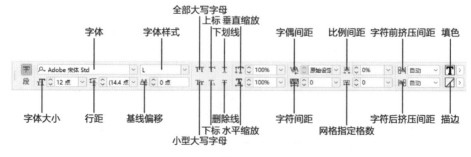

图 7-2

选择"窗口 > 文字和表 > 字符"命令或按 Ctrl+T 组合键，弹出"字符"面板如图 7-3 所示。

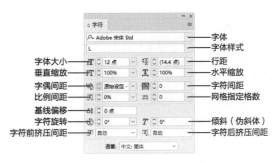

图 7-3

2 段落格式的设置

在 InDesign CC 2019 中，可以通过控制面板和"段落"面板设置段落的格式。这些格式包括段落间距、首字下沉、段前和段后距等。

选择"文字"工具 T ，单击控制面板中的"段落格式控制"按钮 段 ，此时的控制画板如图 7-4 所示。

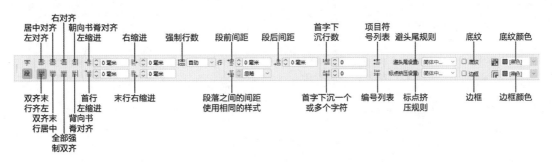

图 7-4

选择"窗口 > 文字和表 > 段落"命令或按 Ctrl+Alt+T 组合键，弹出"段落"面板如图 7-5 所示。

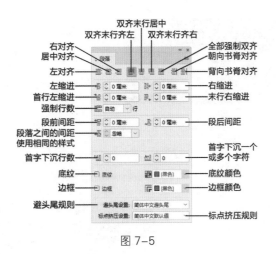

图 7-5

7.1.4 任务实施

（1）选择"文件 > 新建 > 文档"命令，弹出"新建文档"对话框，设置如图 7-6 所示。

单击"边距和分栏"按钮，弹出"新建边距和分栏"对话框，设置如图 7-7 所示，单击"确定"按钮，新建一个页面。选择"视图 > 其他 > 隐藏框架边缘"命令，将所绘制图形的框架边缘隐藏。

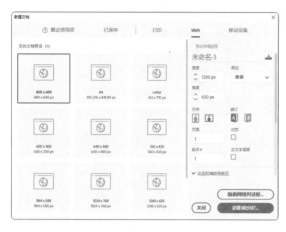

图 7-6　　　　　　　　　　　　　　　　　　图 7-7

（2）选择"文件 > 置入"命令，弹出"置入"对话框，选择云盘中的"Ch07 > 素材 > 7.1-制作女装 Banner > 01、02"文件，单击"打开"按钮，在页面空白处分别单击置入图片。选择"自由变换"工具，分别将图片拖曳到适当的位置，效果如图 7-8 所示。按 Ctrl+A 组合键，全选图片，按 Ctrl+L 组合键，将所选图片锁定。

（3）选择"文字"工具，在适当的位置绘制文本框，输入需要的文字并选取文字，在控制面板中设置合适的字体和文字大小，填充文字为白色，效果如图 7-9 所示。

（4）选择"文字"工具，选取文字"夏季风尚节"，按 Ctrl+T 组合键，弹出"字符"面板，将"字符间距"　设为 -75，如图 7-10 所示；按 Enter 键，效果如图 7-11 所示。

图 7-8　　　　　　　　图 7-9　　　　　　　　图 7-10　　　　　　　　图 7-11

（5）选择"文字"工具，选取数字"8"，在"字符"面板中设置合适的字体和文字大小，如图 7-12 所示，按 Enter 键，效果如图 7-13 所示。

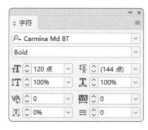

图 7-12　　　　　　　　　　　　　　图 7-13

（6）选择"文字"工具 **T**，在数字"8"左侧插入插入点，如图 7-14 所示，在"字符"面板中，将"字偶间距" ⚬ 设为 -100，如图 7-15 所示，按 Enter 键，效果如图 7-16 所示。用相同的方法在数字"8"右侧插入插入点并设置字偶间距，效果如图 7-17 所示。

图 7-14　　　　　　　图 7-15　　　　　　　图 7-16　　　　　　　图 7-17

（7）选择"选择"工具 ▶，在按住 Shift 键的同时，依次单击需要的文字将其同时选取，如图 7-18 所示。在控制面板中将"X 切变角度" ⚬ 设为 10°，按 Enter 键，效果如图 7-19 所示。

图 7-18　　　　　　　　　图 7-19

（8）选择"椭圆"工具 ⬭，在按住 Shift 键的同时，在适当的位置拖曳鼠标指针绘制一个圆形，设置填充色为白色，并设置描边色为无，效果如图 7-20 所示。选择"文字"工具 **T**，在适当的位置绘制文本框，输入需要的文字并选取文字，在控制面板中设置合适的字体和文字大小，效果如图 7-21 所示。

（9）选择"选择"工具 ▶，在按住 Shift 键的同时，将输入的文字同时选取，单击工具箱中的"格式针对文本"按钮 **T**，设置文字填充色的 RGB 值为 20、52、147，效果如图 7-22 所示。

图 7-20　　　　　　　图 7-21　　　　　　　图 7-22

（10）选择"文字"工具 **T**，选取文字"包邮"，在控制面板中将"字符间距" ⚬ 设为 -160，按 Enter 键，效果如图 7-23 所示。

（11）选择"直线"工具 ✎，在按住 Shift 键的同时，在适当的位置拖曳鼠标指针绘制一条直线，在控制面板中将"描边粗细" ⚬ 0.283 点 设为 0.75 点，按 Enter 键；设置描边色的 RGB 值为 20、52、147，效果如图 7-24 所示。

（12）选择"选择"工具 ▶，在按住 Alt+Shift 组合键的同时，水平向右拖曳直线到适当的位置，复制直线，效果如图 7-25 所示。用框选的方法将所绘制的图形全部选取，在控制面板中将"旋转角度" ◢ ⌄ 0° ∨ 设为 7.5°，按 Enter 键，效果如图 7-26 所示。

　图 7-23　　　　　　　　图 7-24　　　　　　　　图 7-25　　　　　　　　图 7-26

（13）选择"文字"工具 T，在适当的位置绘制文本框，输入需要的文字。将输入的文字选取，在控制面板中设置合适的字体和文字大小，填充文字为白色，效果如图 7-27 所示。

（14）在"字符"面板中，将"行距" ⌄ 0 点 ∨ 设为 18 点，其他选项的设置如图 7-28 所示，按 Enter 键，效果如图 7-29 所示。在页面空白处单击，取消文字的选取状态，女装 Banner 制作完成，效果如图 7-30 所示。

　图 7-27　　　　　　　　图 7-28　　　　　　　　图 7-29　　　　　　　　图 7-30

7.1.5　扩展实践：制作购物中心海报

使用"矩形"工具和"置入"命令制作背景效果；使用"文字"工具和"旋转角度"命令添加广告语；使用"椭圆"工具、"多边形"工具和"文字"工具制作标志；使用"直线"工具、"文字"工具和"字符"面板添加其他相关信息。最终效果参看云盘中的"Ch07 > 效果 > 7.1.5 扩展实践：制作购物中心海报"，如图 7-31 所示。

微课　　　　　　微课　　　　　　微课

扩展实践：制作　扩展实践：制作　扩展实践：制作
购物中心海报1　购物中心海报2　购物中心海报3

图 7-31

任务 7.2　制作传统台历

微课　制作传统台历1　　微课　制作传统台历2

7.2.1　任务引入

本任务是制作传统台历，要求设计包括年、月、日等基本要素，日期要排列整齐、易于辨识，同时要结合传统装饰图形，营造出典雅、精致的气息。

7.2.2　设计理念

设计时，选用紫褐色作为背景色，奠定台历典雅的风格；运用金黄色的装饰图形为台历增添传统韵味；文字排列整齐，整幅画面干净、雅致，充满古典气息。最终效果参看云盘中的"Ch07 > 效果 > 7.2-制作传统台历"，如图 7-32 所示。

图 7-32

7.2.3　任务知识：字符与段落样式

❶ 制表符

选择"文字"工具 T，选取需要的文本框，如图 7-33 所示。选择"文字 > 制表符"命令或按 Shift+Ctrl+T 组合键，弹出"制表符"对话框，如图 7-34 所示。

◎ 设置制表符

在标尺上多次单击，设置制表符，如图 7-35 所示。在段落文本中需要添加制表符的位置单击，插入插入点，按 Tab 键调整文本的位置，效果如图 7-36 所示。

图 7-33　　　　　图 7-34　　　　　图 7-35　　　　　图 7-36

◎ 添加前导符

将所有文字同时选取，在标尺上选取一个已有的制表符，如图 7-37 所示。在对话框上方的"前导符"文本框中输入需要的字符，按 Enter 键，效果如图 7-38 所示。

◎ 更改制表符的对齐方式

在标尺上选取一个已有的制表符，如图 7-39 所示。单击标尺上方的"右对齐制表符"按钮 ↓，更改制表符的对齐方式，效果如图 7-40 所示。

图 7-37　　　　　　图 7-38　　　　　　图 7-39　　　　　　图 7-40

◎ 移动制表符的位置

在标尺上选取一个已有的制表符，如图 7-41 所示。在标尺上直接将其拖曳到需要的位置或在"X"文本框中输入需要的数值，移动制表符的位置，效果如图 7-42 所示。

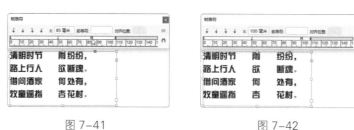

图 7-41　　　　　　　　　　图 7-42

◎ 重复制表符

在标尺上选取一个已有的制表符，如图 7-43 所示。单击右上方的▤按钮，在弹出的菜单中选择"重复制表符"命令，在标尺上重复当前的制表符设置，效果如图 7-44 所示。

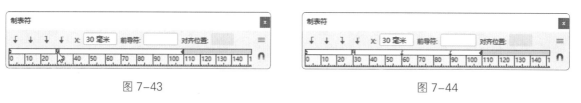

图 7-43　　　　　　　　　　图 7-44

◎ 删除定位符

在标尺上选取一个已有的制表符，如图 7-45 所示。直接将其拖离标尺或单击右上方的按钮▤，在弹出的菜单中选择"删除制表符"命令，删除选取的制表符，如图 7-46 所示。

单击对话框右上方的▤按钮，在弹出的菜单中选择"清除全部"命令，恢复为默认的制表符，效果如图 7-47 所示。

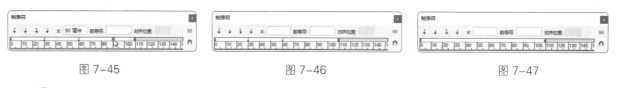

图 7-45　　　　　　图 7-46　　　　　　图 7-47

② 字符样式和段落样式

字符样式是通过一个步骤就可以应用于文本的一系列字符格式属性的集合。段落样式包括字符格式和段落格式，可应用于一个段落，也可应用于某范围内的多个段落。

◎ 打开样式面板

选择"文字 > 字符样式"命令或按 Shift+F11 组合键，弹出"字符样式"面板，如图 7-48 所示。选择"窗口 > 文字和表 > 字符样式"命令，也可弹出"字符样式"面板。

选择"文字 > 段落样式"命令或按
F11 键,弹出"段落样式"面板,如图 7-49
所示。选择"窗口 > 文字和表 > 段落样式"
命令,也可弹出"段落样式"面板。

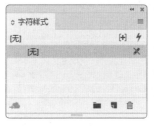 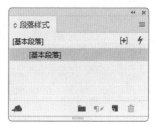

图 7-48   图 7-49

◎ 定义字符样式

单击"字符样式"面板下方的"创建
新样式"按钮 ▣ ,将在面板中生成新的字符样式,如图 7-50 所示。双击新样式的名称,弹出"字
符样式选项"对话框,如图 7-51 所示。

在弹出的对话框中单击左侧的某个类别,可以指定要添加到样式中的属性。完成设置后,
单击"确定"按钮。

 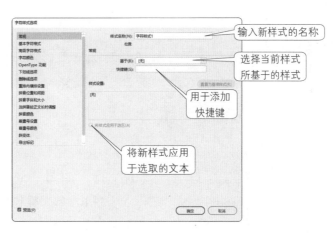

图 7-50   图 7-51

◎ 定义段落样式

单击"段落样式"面板下方的"创建新样式"按钮 ▣ ,将在面板中生成新的段落样式,
如图 7-52 所示。双击新样式的名称,弹出"段落样式选项"对话框,如图 7-53 所示。

 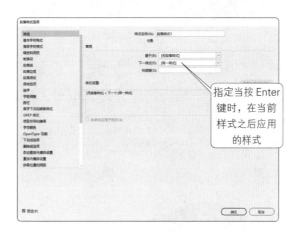

图 7-52   图 7-53

单击"段落样式"面板右上方的 ≡ 按钮,在弹出的菜单中选择"新建段落样式"命令,
如图 7-54 所示,弹出"新建段落样式"对话框,如图 7-55 所示。其中的选项与"段落样式选项"
对话框中的相同,这里不再赘述。

图 7-54

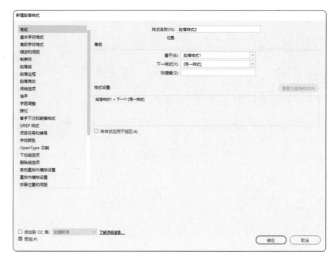
图 7-55

提示　　　若想在现有文本格式的基础上创建一种新的样式，选择相应文本或在文本中插入插入点，单击"段落样式"面板下方的"创建新样式"按钮 即可。

◎ 应用字符样式

选择"文字"工具 T ，选取需要的字符，如图 7-56 所示。在"字符样式"面板中单击需要的字符样式名称，如图 7-57 所示，为选取的字符添加样式。取消文字的选取状态，效果如图 7-58 所示。

图 7-56

图 7-57

图 7-58

在"字符样式"面板或控制面板中单击"快速应用"按钮 ，弹出"快速应用"面板，单击需要的段落样式或按下相应的快捷键，也可为选取的字符添加样式。

◎ 应用段落样式

选择"文字"工具 T ，在段落文本中插入插入点，如图 7-59 所示。在"段落样式"面板中单击需要的段落样式名称，如图 7-60 所示，为选取的段落添加样式，效果如图 7-61 所示。

图 7-59

图 7-60

图 7-61

在"段落样式"面板或在控制面板中单击"快速应用"按钮 ⚡，弹出"快速应用"面板，单击需要的段落样式或按下相应的快捷键，也可为选取的段落添加样式。

◎ 编辑样式

在"段落样式"面板中，用鼠标右键单击要编辑的样式名称（如"段落样式2"），在弹出的快捷菜单中选择"编辑'段落样式2'"命令，如图 7-62 所示，弹出"段落样式选项"对话框，如图 7-63 所示，在其中设置需要的选项，单击"确定"按钮。

图 7-62

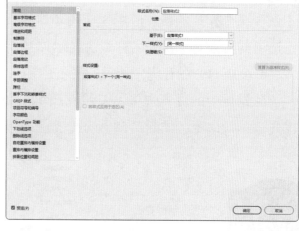

图 7-63

在"段落样式"面板中，双击要编辑的样式名称，或者在选择要编辑的样式后，单击面板右上方的按钮 ≡，在弹出的菜单中选择"样式选项"命令，弹出"段落样式选项"对话框，在其中设置需要的选项，单击"确定"按钮。字符样式的编辑与段落样式相似，故不再赘述。

提示　单击或双击样式会将相应样式应用于当前选取的文本或文本框，如果没有选取任何文本或文本框，则会将样式设置为新框架中输入的文本的默认样式。

◎ 删除样式

在"段落样式"面板中，选取需要删除的段落样式，如图 7-64 所示。单击面板下方的"删除选定样式/组"按钮 🗑 或单击面板右上方的 ≡ 按钮，在弹出的菜单中选择"删除样式"命令，如图 7-65 所示。删除选取的段落样式后，面板如图 7-66 所示。

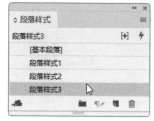

图 7-64

图 7-65

图 7-66

　　在要删除的段落样式上单击鼠标右键，在弹出的快捷菜单中选择"删除样式"命令，也可删除选取的样式。

　　若要删除所有未使用的样式，则在"段落样式"面板中单击右上方的按钮≡，在弹出的菜单中选择"选择所有未使用的样式"命令，选取所有未使用的样式，单击"删除选定样式/组"按钮 🗑 。当删除未使用的样式时，系统不会提示是否替换样式。在"字符样式"面板中删除字符样式的方法与在"段落样式"面板中删除段落样式的方法相似，故这里不再赘述。

◎ 清除段落样式优先选项

　　当将不属于某个样式的格式应用于应用了这种样式的文本时，此格式称为优先选项。当选择含优先选项的文本时，样式名称旁会显示加号（+）。

　　选择"文字"工具 T ，在有优先选项的文本中插入插入点，如图 7-67 所示。单击"段落样式"面板中的"清除选区中的优先选项"按钮 ¶✖ 或单击面板右上方的 ≡ 按钮，在弹出的菜单中选择"清除优先选项"命令，如图 7-68 所示，删除段落样式的优先选项，效果如图 7-69 所示。

图 7-67　　　　　　　　　　图 7-68　　　　　　　　　　图 7-69

7.2.4　任务实施

1　制作台历背景

　　（1）选择"文件 > 新建 > 文档"命令，弹出"新建文档"对话框，设置如图 7-70 所示。单击"边距和分栏"按钮，弹出"新建边距和分栏"对话框，设置如图 7-71 所示，单击"确定"按钮，新建一个页面。选择"视图 > 其他 > 隐藏框架边缘"命令，将所绘制图形的框架边缘隐藏。

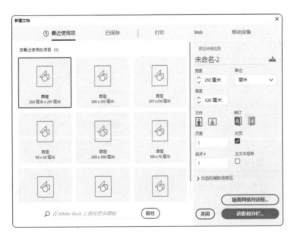

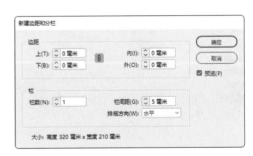

图 7-70　　　　　　　　　　　　　　　　　　图 7-71

（2）选择"矩形"工具▢，在适当的位置绘制一个矩形，设置其填充色的 CMYK 值为 9、0、5、0，并设置其描边色为无，效果如图 7-72 所示。

（3）选择"钢笔"工具✎，在适当的位置绘制闭合路径，设置其填充色的 CMYK 值为 65、100、70、50，并设置其描边色为无，效果如图 7-73 所示。

图 7-72　　　　图 7-73

（4）选择"椭圆"工具◯，在按住 Shift 键的同时，在适当的位置绘制一个圆形，将其填充色设置为白色，并设置描边色为无，效果如图 7-74 所示。

（5）选择"选择"工具▶，在按住 Alt+Shift 组合键的同时，水平向右拖曳图形到适当的位置复制，效果如图 7-75 所示。连续按 Ctrl+Alt+4 组合键，按需要再复制多个图形，效果如图 7-76 所示。

图 7-74　　　　图 7-75　　　　　　　图 7-76

（6）选择"选择"工具▶，在按住 Shift 键的同时，将所绘制的图形同时选取，如图 7-77 所示。选择"窗口 > 对象和版面 > 路径查找器"命令，弹出"路径查找器"面板，单击"减去"按钮▣，如图 7-78 所示，生成新对象，效果如图 7-79 所示。

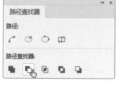

图 7-77　　　　　　图 7-78　　　　　　图 7-79

（7）单击控制面板中的"向选定的目标添加对象效果"按钮fx，在弹出的菜单中选择"投影"命令，弹出"效果"对话框，设置如图 7-80 所示，单击"确定"按钮，效果如图 7-81 所示。

（8）选择"钢笔"工具✎，在适当的位置绘制一条路径，将控制面板中的"描边粗细"◯ 0.283 点 ◡设置为 6 点，按 Enter 键，效果如图 7-82 所示。设置该路径描边色的 CMYK 值为 19、31、93、0，效果如图 7-83 所示。

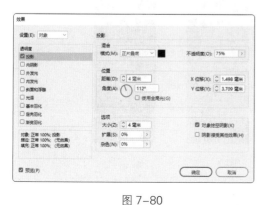

图 7-80　　　　　　图 7-81　　　　图 7-82　　　　图 7-83

（9）单击控制面板中的"向选定的目标添加对象效果"按钮 fx. ，在弹出的菜单中选择"投影"命令，弹出"效果"对话框，设置如图7-84所示，单击"确定"按钮，效果如图7-85所示。

图 7-84　　　　　　　　　　　　　　图 7-85

（10）选择"钢笔"工具 ，在适当的位置绘制一个闭合路径，如图7-86所示。设置该路径填充色的CMYK值为19、31、93、0，并设置描边色为无，效果如图7-87所示。

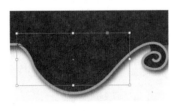

图 7-86　　　　　　　　　　图 7-87

（11）选择"文字"工具 T，在适当的位置绘制文本框，输入需要的文字并选取，在控制面板中设置合适的字体和文字大小，效果如图7-88所示。设置文字填充色的CMYK值为19、31、93、0，取消文字选取状态，效果如图7-89所示。

（12）选择"直排文字"工具 IT，在适当的位置分别绘制文本框，输入需要的文字并选取，在控制面板中设置合适的字体并设置文字大小，效果如图7-90所示。

（13）选择"选择"工具 ，在按住 Shift 键的同时，将输入的文字同时选取，单击工具箱中的"格式针对文本"按钮 T，设置文字填充色的CMYK值为19、31、93、0，效果如图7-91所示。

图 7-88　　　　图 7-89　　　　图 7-90　　图 7-91

（14）选择"文字"工具 T ，选取英文"Xin Chou Nian"，如图 7-92 所示。在控制面板中将"字符间距" 设置为 –10，按 Enter 键，效果如图 7-93 所示。

（15）选择"椭圆"工具 ，在按住 Shift 键的同时，在适当的位置绘制一个圆形，设置其填充色的 CMYK 值为 19、31、93、0，并设置描边色为无，效果如图 7-94 所示。

（16）选择"文字"工具 T ，在适当的位置绘制文本框，输入需要的文字并选取，在控制面板中设置合适的字体和文字大小。设置文字填充色的 CMYK 值为 65、100、70、50，效果如图 7-95 所示。

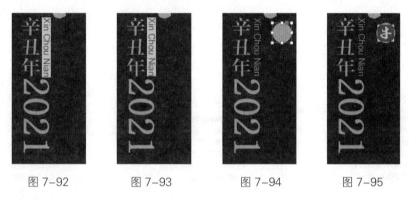

图 7-92　　　　　图 7-93　　　　　图 7-94　　　　　图 7-95

② 添加台历日期

（1）选择"矩形"工具 ，在适当的位置绘制一个矩形。设置矩形填充色的 CMYK 值为 65、100、70、50，并设置描边色为无，效果如图 7-96 所示。

（2）选择"文字"工具 T ，在页面中分别绘制文本框，输入需要的文字并选取，在控制面板中分别设置合适的字体和文字大小，效果如图 7-97 所示。

图 7-96　　　　　　　　　　　图 7-97

（3）选择"文字"工具 T ，在页面外空白处绘制文本框，输入需要的文字，将输入的文字选取，在控制面板中设置合适的字体并设置文字大小，效果如图 7-98 所示。在控制面板中将"行距" 设置为 37 点，按 Enter 键，效果如图 7-99 所示。

（4）选择"文字"工具 T ，选取文字"日"，如图 7-100 所示。设置文字填充色的 CMYK 值为 0、0、0、59，取消文字的选取状态，效果如图 7-101 所示。使用相同方法选取其他文字并填充相应的颜色，效果如图 7-102 所示。

日一二三四五六
1234
567891011
12131415161718
19202122232425
262728293031
图 7-98　　　　　图 7-99　　　　　图 7-100　　　　　图 7-101　　　　　图 7-102

（5）选择"文字"工具 T，将输入的文字同时选取，如图 7-103 所示。选择"文字 > 制表符"命令，弹出"制表符"对话框，如图 7-104 所示。单击"居中对齐制表符"按钮 ↓，并在标尺上单击添加制表符，在"X"文本框中输入 21 毫米，如图 7-105 所示。单击面板右上方的按钮 ≡，在弹出的菜单中选择"重复制表符"命令，"制表符"对话框如图 7-106 所示。

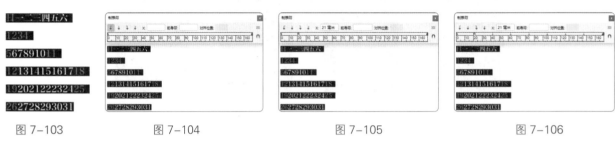

图 7-103　　　　　图 7-104　　　　　　图 7-105　　　　　　图 7-106

（6）在适当的位置插入插入点，效果如图 7-107 所示。按 Tab 键调整文字的间距，效果如图 7-108 所示。

（7）在文字"日"后面插入插入点，按 Tab 键再次调整文字的间距，效果如图 7-109 所示。用相同的方法分别在适当的位置插入插入点，按 Tab 键调整文字的间距，效果如图 7-110 所示。

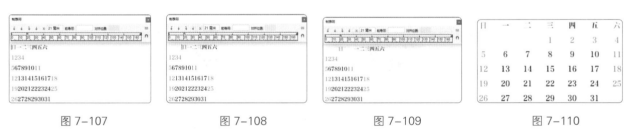

图 7-107　　　　　图 7-108　　　　　图 7-109　　　　　图 7-110

（8）选择"选择"工具 ▶，选取日期文本框，并将其拖曳到页面中适当的位置，效果如图 7-111 所示。在空白页面处单击，取消文本框的选取状态。台历制作完成，效果如图 7-112 所示。

图 7-111

图 7-112

7.2.5 扩展实践：制作数码相机广告

使用"矩形"工具、"不透明度"选项和"贴入内部"命令制作背景效果；使用"椭圆"工具绘制装饰圆形；使用"直接选择"工具和"路径查找器"面板制作变形文字；使用"投影"命令为文字添加投影。最终效果参看云盘中的"Ch07 > 效果 > 制作数码相机广告"，如图7-113所示。

图 7-113

微课

制作数码相机
广告1

微课

制作数码相机
广告2

微课

制作数码相机
广告3

微课

制作数码相机
广告4

任务 7.3　项目演练：制作茶叶广告

7.3.1 任务引入

清心茶坊经营的内涵是倡导闲适、雅致的生活方式。茶坊现推出新品大红袍，要求制作宣传广告，用于街头派发及公告栏展示。

7.3.2 设计理念

设计时，使用淡雅的浅灰色作为背景，增加广告的质感；使用茶叶与茶具等作为画面的主要元素，搭配文字点明广告的主旨；大量的留白使画面看起来意境悠远，较好地体现了茶坊的定位。最终效果参看云盘中的"Ch07 > 效果 > 制作茶叶广告 .indd"，如图7-114所示。

图 7-114

微课

制作茶叶广告

项目8

表格与图层编辑方法——表格与图层面板

08

InDesign CC 2019具有强大的表格和图层编辑功能。通过本项目的学习，读者可以了解并掌握表格绘制和编辑的方法以及图层的操作技巧，还可以快速地创建复杂而美观的表格，并能准确地使用图层编辑出需要的版式文件。

学习引导

知识目标
- 了解表格的应用
- 认识"图层"面板

能力目标
- 掌握表格的绘制和编辑技巧
- 掌握图层的操作方法

素养目标
- 培养对表格与图层的应用能力

实训项目
- 制作汽车广告
- 制作卡片

任务 8.1 制作汽车广告

微课　制作汽车广告1　微课　制作汽车广告2　微课　制作汽车广告3

8.1.1 任务引入

本任务是一款新型汽车制作广告，要求设计体现出汽车的优良性能。

8.1.2 设计理念

设计时，运用汽车图片展示汽车的整体形象，再用细节图片来表现汽车的精良设计；表格用于详细介绍汽车的各项性能指标，使用户更了解该款汽车的特色。最终效果参看云盘中的"Ch08 > 效果 > 8.1- 制作汽车广告"，如图 8-1 所示。

图 8-1

8.1.3 任务知识：表格的应用

① 表的创建

◎ 创建表

选择"文字"工具T，在需要的位置绘制文本框，或在要创建表的文本框中插入插入点，如图 8-2 所示。选择"表 > 插入表"命令或按 Ctrl+Shift+Alt+T 组合键，弹出"插入表"对话框，在其中设置需要的数值，如图 8-3 所示，单击"确定"按钮，效果如图 8-4 所示。

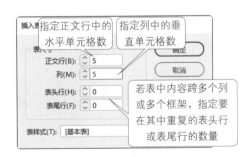

指定正文行中的水平单元格数　指定列中的垂直单元格数

正文行(B): 5
列(M): 5
表头行(H): 0
表尾行(F): 0
表样式(T): [基本表]

确定　取消

若表中内容跨多个列或多个框架，指定要在其中重复的表头行或表尾行的数量

图 8-2　　　　　图 8-3　　　　　图 8-4

◎ 在表中添加文本和图形

选择"文字"工具T，在单元格中插入插入点，输入需要的文本，如图 8-5 所示。选择"文件 > 置入"命令，弹出"置入"对话框，选取需要的图形，单击"打开"按钮，置入需要的图形，效果如图 8-6 所示。

选择"选择"工具▶，选取需要的图形，如图 8-7 所示。按 Ctrl+X 组合键（或按 Ctrl+C 组合键），剪切（或复制）需要的图形，选择"文字"工具T，在单元格中插入插入点，如图 8-8 所示，按 Ctrl+V 组合键，将图形粘入表中，效果如图 8-9 所示。

图 8-5

图 8-6

图 8-7

图 8-8

图 8-9

◎ 在表中移动插入点

按 Tab 键可以将插入点后移一个单元格。若在最后一个单元格中按 Tab 键，则会新建一行单元格。

按 Shift+Tab 组合键可以将插入点前移一个单元格。如果在第一个单元格中按 Shift+Tab 组合键，插入点将移至最后一个单元格。

如果插入点位于直排表中某行的最后一个单元格的末尾，按向下的方向键，插入点会移至该行第一个单元格的起始位置。同样，如果插入点位于直排表中某列的最后一个单元格的末尾，按向左的方向键，插入点会移至该列第一个单元格的起始位置。

选择"文字"工具 T，在表中插入插入点，如图 8-10 所示，选择"表＞转至行"命令，弹出"转至行"对话框，指定要转到的行，如图 8-11 所示，单击"确定"按钮，效果如图 8-12 所示。

图 8-10

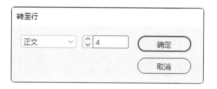
图 8-11

图 8-12

若当前表定义了表头行或表尾行，则在"转至行"对话框的下拉列表中选择"表头"或"表尾"选项，单击"确定"按钮即可跳转到表头行或表尾行。

2 选择并编辑表

◎ 选择单元格、整行、整列或整个表

● 选择单元格

选择"文字"工具 T，在要选取的单元格内单击或直接选取单元格中的文本，选择"表＞选择＞单元格"命令，选取单元格。

选择"文字"工具 T，在单元格中拖曳鼠标指针，选取需要的单元格。选取时要小心，不要拖动行线或列线，否则会改变表的大小。

● 选择整行或整列

选择"文字"工具 T，在要选取的单元格内单击或直接选取单元格中的文本，选择"表＞选择＞行／列"命令，选取整行或整列。

选择"文字"工具 T，将鼠标指针移至表中需要选取的列的上边缘，当鼠标指针变为箭头形状 ↓ 时，如图8-13所示，单击以选取整列，如图8-14所示。

选择"文字"工具 T，将鼠标指针移至表中行的左边缘，当鼠标指针变为箭头形状 → 时，如图8-15所示，单击以选取整行，如图8-16所示。

● 选择整个表

选择"文字"工具 T，直接选取单元格中的文本或在要选取的单元格内单击，插入插入点，选择"表>选择>表"命令或按 Ctrl+Alt+A 组合键，选取整个表。

选择"文字"工具 T，将鼠标指针移至表的左上方，当鼠标指针变为箭头形状 ↘ 时，如图8-17所示，单击以选取整个表，如图8-18所示。

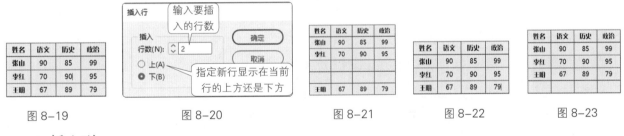

| 图8-13 | 图8-14 | 图8-15 | 图8-16 | 图8-17 | 图8-18 |

◎ 插入行和列

● 插入行

选择"文字"工具 T，在要插入行的前一行或后一行中的任一单元格中单击，插入插入点，如图8-19所示。选择"表>插入>行"命令或按 Ctrl+9 组合键，弹出"插入行"对话框，在其中设置需要的数值，如图8-20所示，单击"确定"按钮，效果如图8-21所示。

选择"文字"工具 T，在表中的最后一个单元格中插入插入点，如图8-22所示。按 Tab 键可插入一行，效果如图8-23所示。

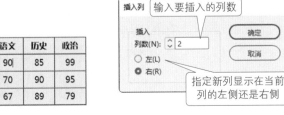

| 图8-19 | 图8-20 | 图8-21 | 图8-22 | 图8-23 |

● 插入列

选择"文字"工具 T，在要插入列的前一列或后一列中的任一单元格中单击，插入插入点，如图8-24所示。选择"表>插入>列"命令或按 Ctrl+Alt+9 组合键，弹出"插入列"对话框，在其中设置需要的数值，如图8-25所示，单击"确定"按钮，效果如图8-26所示。

| 图8-24 | 图8-25 | 图8-26 |

● 插入多行和多列

选择"文字"工具 T ，在表中任一位置插入插入点，如图 8-27 所示。选择"表 > 表选项 > 表设置"命令，弹出"表选项"对话框，在其中设置需要的数值，如图 8-28 所示，单击"确定"按钮，效果如图 8-29 所示。

图 8-27　　　　　　　　　　　　　图 8-28　　　　　　　　　　　　　图 8-29

在"表尺寸"选项组中的"正文行"文本框、"表头行"文本框、"列"文本框和"表尾行"文本框中输入新表的行数和列数，可将新行添加到表的底部，将新列添加到表的右侧。

选择"文字"工具 T ，在表中任一位置插入插入点，如图 8-30 所示。选择"窗口 > 文字和表 > 表"命令或按 Shift+F9 组合键，弹出"表"面板，在"行数"和"列数"文本框中分别输入需要的数值，如图 8-31 所示，按 Enter 键，效果如图 8-32 所示。

图 8-30　　　　　　　　　　　图 8-31　　　　　　　　　　　图 8-32

● 通过拖曳的方式插入行或列

选择"文字"工具 T ，将鼠标指针放置在要插入列的前一列边框上，鼠标指针变为图标 ↔ 时，如图 8-33 所示，按住 Alt 键和鼠标左键向右拖曳鼠标指针，如图 8-34 所示，松开鼠标左键即可插入列，效果如图 8-35 所示。

姓名	语文	历史	政治
张山	90	85	99
李红	70	90	95
王明	67	89	79

图 8-33　　　　　　　　　　图 8-34　　　　　　　　　　图 8-35

选择"文字"工具 T ，将鼠标指针放置在要插入行的前一行的边框上，鼠标指针变为图标 ↕ 时，如图 8-36 所示，按住 Alt 键和鼠标左键向下拖曳鼠标指针，如图 8-37 所示，松开鼠标左键即可插入行，效果如图 8-38 所示。

姓名	语文	历史	政治
张山	90	85	99
李红	70	90	95
王明	67	89	79

图 8-36

姓名	语文	历史	政治
张山	90	85	99
李红	70	90	95
王明	67	89	79

图 8-37

姓名	语文	历史	政治
张山	90	85	99
李红	70	90	95
王明	67	89	79

图 8-38

提示　　对于横排表中表的上边缘或左边缘，或者对于直排表中表的上边缘或右边缘，不能通过拖曳的方式来插入行或列，在这些区域拖曳只能选择行或列。

◎ 删除行、列或表

选择"文字"工具 T，在要删除的行、列或表中单击，或选取表中的文本。选择"表 > 删除 > 行、列或表"命令，删除行、列或表。

选择"文字"工具 T，在表中任一位置插入插入点。选择"表 > 表选项 > 表设置"命令，弹出"表选项"对话框，在"表尺寸"选项组中输入新的行数和列数，单击"确定"按钮，可删除行、列和表。行从表的底部被删除，列从表的左侧被删除。

选择"文字"工具 T，将鼠标指针放置在表的下边框或右边框上，当鼠标指针显示为图标 ‡ 或 ↔ 时，按住鼠标左键并按住 Alt 键，向上拖曳或向左拖曳鼠标指针，可以分别删除行或列。

③ 设置表的格式

◎ 调整行、列或表的大小

● 调整行和列的大小

选择"文字"工具 T，在要调整行或列的任一单元格中插入插入点，如图 8-39 所示。选择"表 > 单元格选项 > 行和列"命令，弹出"单元格选项"对话框，在"行高"和"列宽"文本框中输入需要的行高和列宽数值，如图 8-40 所示，单击"确定"按钮，效果如图 8-41 所示。

姓名	语文	历史	政治
张山	90	85	99
李红	70	90	95
王明	67	89	79

图 8-39

图 8-40

姓名	语文	历史	政治
张山	90	85	99
李红	70	90	95
王明	67	89	79

图 8-41

选择"文字"工具 T ，在行或列的任一单元格中插入插入点，如图8-42所示。选择"窗口>文字和表>表"命令或按Shift+F9组合键，弹出"表"面板，在"行高"和"列宽"文本框中分别输入需要的数值，如图8-43所示，按Enter键，效果如图8-44所示。

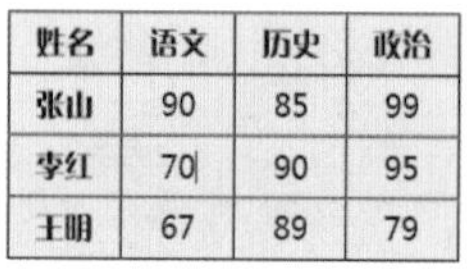

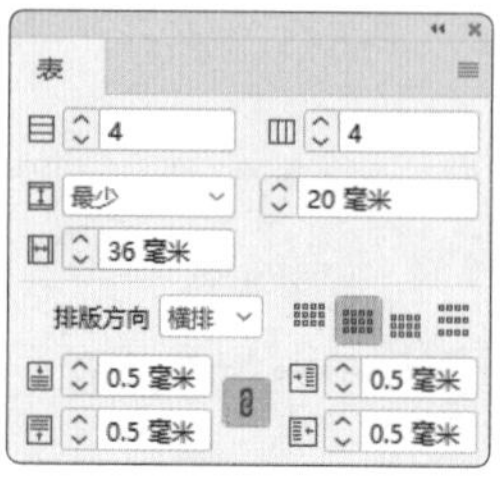

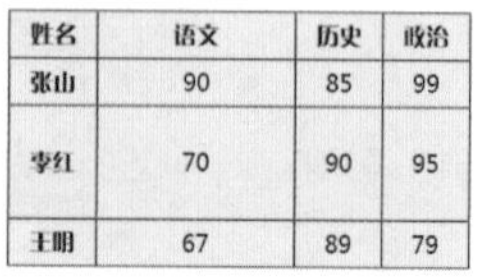

图 8-42   图 8-43   图 8-44

选择"文字"工具 T ，将鼠标指针放置在列或行的边缘上，当鼠标指针变为图标↔（或↕）时，向左或向右拖曳可以增加或减小列宽（向上或向下拖曳可以增加或减小行高）。

● 在不改变表宽的情况下调整行高和列宽

选择"文字"工具 T ，将鼠标指针放置在要调整列宽的列边缘上，鼠标指针变为图标 ↔，如图8-45所示，在按住Shift键的同时，向右（或向左）拖曳鼠标指针，如图8-46所示，可以增大（或减小）列宽，效果如图8-47所示。

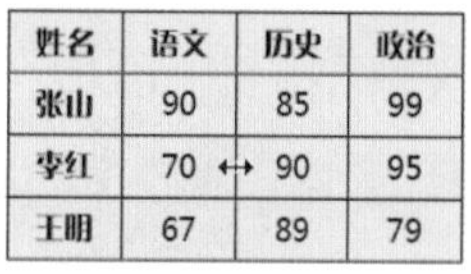

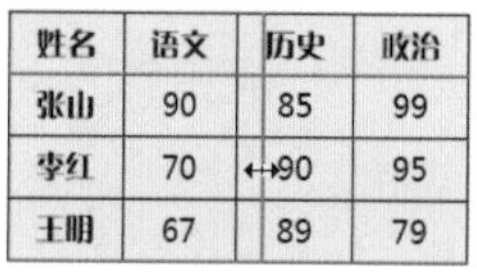

图 8-45   图 8-46   图 8-47

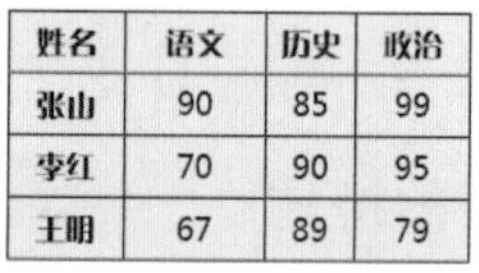

选择"文字"工具 T ，将鼠标指针放置在要调整行高的行边缘上，用相同的方法上下拖曳鼠标指针，可在不改变表高的情况下改变行高。

选择"文字"工具 T ，将鼠标指针放置在表的下边缘，鼠标指针变为图标↕时，如图8-48所示，按住Shift键向下（或向上）拖曳鼠标指针，如图8-49所示，可以增大（或减小）行高，如图8-50所示。

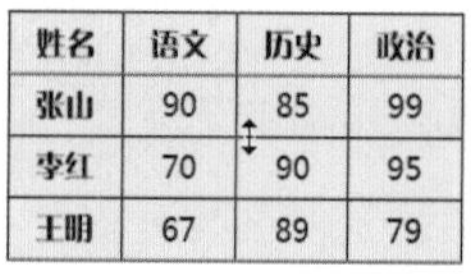

图 8-48   图 8-49   图 8-50

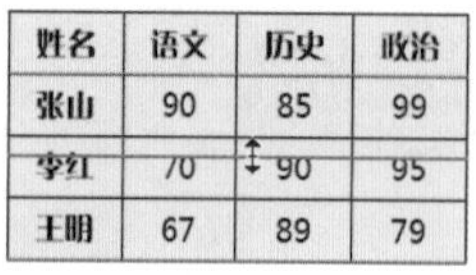

选择"文字"工具 T ，将鼠标指针放置在表的右边缘，用相同的方法左右拖曳鼠标指针，可在不改变表高的情况下按比例改变列宽。

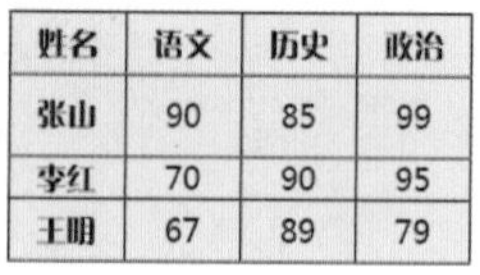

● 调整整个表的大小

选择"文字"工具 T ，将鼠标指针放置在表的右下角，鼠标指针变为图标↘时，如图8-51所示，向右下方（或向左上方）拖曳鼠标指针，如图8-52所示，可以增大（或减小）整个表的大小，效果如图8-53所示。

姓名	语文	历史	政治
张山	90	85	99
李红	70	90	95
王明	67	89	79

图8-51

姓名	语文	历史	政治
张山	90	85	99
李红	70	90	95
王明	67	89	79

图8-52

姓名	语文	历史	政治
张山	90	85	99
李红	70	90	95
王明	67	89	79

图8-53

● 均匀分布行和列

选择"文字"工具 T，选取要均匀分布的行，如图8-54所示。选择"表＞均匀分布行"命令，均匀分布选取的单元格所在的行，取消文字的选取状态，效果如图8-55所示。

选择"文字"工具 T，选取要均匀分布的列，如图8-56所示。选择"表＞均匀分布列"命令，均匀分布选取的单元格所在的列，取消文字的选取状态，效果如图8-57所示。

姓名	语文	历史	政治
张山	90	85	99
李红	70	90	95
王明	67	89	79

图8-54

姓名	语文	历史	政治
张山	90	85	99
李红	70	90	95
王明	67	89	79

图8-55

姓名	语文	历史	政治
张山	90	85	99
李红	70	90	95
王明	67	89	79

图8-56

姓名	语文	历史	政治
张山	90	85	99
李红	70	90	95
王明	67	89	79

图8-57

◎ 设置表中文本的格式

● 更改表中文本的对齐方式

选择"文字"工具 T，选取要更改文字对齐方式的单元格，如"70"，如图8-58所示。选择"表＞单元格选项＞文本"命令，弹出"单元格选项"对话框，如图8-59所示，在"垂直对齐"选项组中选取不同的对齐方式，单击"确定"按钮，可以得到不同的对齐效果，如图8-60所示。

姓名	语文	历史	政治
张山	90	85	99
李红	70	90	95
王明	67	89	79

图8-58

图8-59

姓名	语文	历史	政治
张山	90	85	99
李红	70	90	95
王明	67	89	79

上对齐

姓名	语文	历史	政治
张山	90	85	99
李红	70	90	95
王明	67	89	79

居中对齐（原）

姓名	语文	历史	政治
张山	90	85	99
李红	70	90	95
王明	67	89	79

下对齐

姓名	语文	历史	政治
张山	90	85	99
李红	70	90	95
王明	67	89	79

撑满

图 8-60

● 旋转表中的文本

选择"文字"工具 **T**，选取要旋转文字的单元格，如图 8-61 所示。选择"表 > 单元格选项 > 文本"命令，弹出"单元格选项"对话框，在"文本旋转"选项组中的"旋转"下拉列表中选取需要的旋转角度，如图 8-62 所示，单击"确定"按钮，效果如图 8-63 所示。

图 8-61　　　　　　　图 8-62　　　　　　　图 8-63

◎ 合并和拆分单元格

● 合并单元格

选择"文字"工具 **T**，选取要合并的单元格，如图 8-64 所示。选择"表 > 合并单元格"命令，合并选取的单元格，取消选取状态，效果如图 8-65 所示。

选择"文字"工具 **T**，在合并后的单元格中插入插入点，如图 8-66 所示。选择"表 > 取消合并单元格"命令，取消单元格的合并，效果如图 8-67 所示。

成绩单			
姓名	语文	历史	政治
张山	90	85	99
李红	70	90	95
王明	67	89	79

图 8-64

成绩单			
姓名	语文	历史	政治
张山	90	85	99
李红	70	90	95
王明	67	89	79

图 8-65

成绩单			
姓名	语文	历史	政治
张山	90	85	99
李红	70	90	95
王明	67	89	79

图 8-66

成绩单			
姓名	语文	历史	政治
张山	90	85	99
李红	70	90	95
王明	67	89	79

图 8-67

● 拆分单元格

选择"文字"工具 **T**，选取要拆分的单元格，如图 8-68 所示。选择"表 > 水平拆分单元格"命令，水平拆分选取的单元格，取消选取状态，效果如图 8-69 所示。

选择"文字"工具 **T**，选取要拆分的单元格，如图 8-70 所示。选择"表 > 垂直拆分单元格"

命令，垂直拆分选取的单元格，取消选取状态，效果如图 8-71 所示。

图 8-68　　　　　图 8-69　　　　　图 8-70　　　　　图 8-71

④ 表格的描边和填色

◎ 更改表边框的描边和填色

选择"文字"工具 T，在表中插入插入点，如图 8-72 所示。选择"表 > 表选项 > 表设置"命令，弹出"表选项"对话框，在其中设置需要的数值，如图 8-73 所示，单击"确定"按钮，效果如图 8-74 所示。

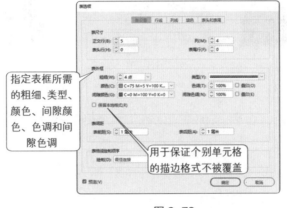

指定表框所需的粗细、类型、颜色、间隙颜色、色调和间隙色调

用于保证个别单元格的描边格式不被覆盖

图 8-72　　　　　　　　　图 8-73　　　　　　　　　图 8-74

◎ 为单元格添加描边和填色

● 使用单元格选项添加描边和填色

选择"文字"工具 T，在表中选取需要的单元格，如图 8-75 所示。选择"表 > 单元格选项 > 描边和填色"命令，弹出"单元格选项"对话框，在其中设置需要的数值，如图 8-76 所示，单击"确定"按钮，取消选取状态，效果如图 8-77 所示。

图 8-75　　　　　　　　　图 8-76　　　　　　　　　图 8-77

在"单元格描边"选项组的预览区域中，单击蓝色线条取消线条的选取状态后，线条呈灰色状态，将不能描边。在其他选项中可以指定线条所需的粗细、类型、颜色、色调、间隙颜色和间隙色调。

在"单元格填色"选项组中可以指定单元格所需的颜色和色调。

● 使用描边面板添加描边

选择"文字"工具 ，在表中选取需要的单元格，如图 8-78 所示。选择"窗口 > 描边"命令或按 F10 键，弹出"描边"面板，在预览区域中取消不需要添加描边的线条，其他选项的设置如图 8-79 所示，按 Enter 键，取消选取状态，效果如图 8-80 所示。

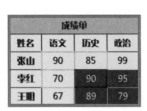

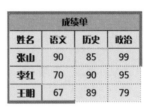

图 8-78　　　　　　　　　　图 8-79　　　　　　　　　　图 8-80

◎ 为单元格添加对角线

选择"文字"工具 ，在要添加对角线的单元格中插入插入点，如图 8-81 所示。选择"表 > 单元格选项 > 对角线"命令，弹出"单元格选项"对话框，在其中设置需要的数值，如图 8-82 所示，单击"确定"按钮，效果如图 8-83 所示。

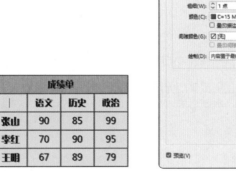

图 8-81　　　　　　　　　　图 8-82　　　　　　　　　　图 8-83

其中，单击"无对角线"按钮 、"从左上角到右下角的对角线"按钮 、"从右上角到左下角的对角线"按钮 、"交叉对角线"按钮 可添加不同类型的对角线；在"线条描边"选项组中可指定对角线所需的粗细、类型、颜色、色调、间隙颜色和间隙色调，设置"叠印描边"选项和"叠印间隙"选项；在"绘制"下拉列表中选择"对角线置于最前"选项将对角线放置在单元格内容的前面，选择"内容置于最前"将对角线放置在单元格内容的后面。

◎ 在表中交替进行描边和填色

● 为表添加交替描边

选择"文字"工具 T，在表中插入插入点，如图8-84所示。选择"表＞表选项＞交替行线"命令，弹出"表选项"对话框，在"交替模式"下拉列表中选择需要的模式类型，激活下方选项，进行相应设置，如图8-85所示，单击"确定"按钮，效果如图8-86所示。

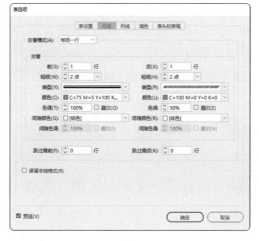

图 8-84   图 8-85   图 8-86

在"交替"选项组中设置第一种模式和后续模式描边或填色选项。

在"跳过最前"和"跳过最后"文本框中指定表的开始和结束处不显示描边属性的行数或列数。

选择"文字"工具 T，在表中插入插入点，选择"表＞表选项＞交替列线"命令，弹出"表选项"对话框，用相同的方法设置选项，可以为表添加交替列线。

● 为表添加交替填色

选择"文字"工具 T，在表中插入插入点，如图8-87所示。选择"表＞表选项＞交替填色"命令，弹出"表选项"对话框，在"交替模式"下拉列表中选择需要的模式类型，激活下方选项，进行相应设置，如图8-88所示，单击"确定"按钮，效果如图8-89所示。

图 8-87   图 8-88   图 8-89

● 关闭表中的交替描边和交替填色

选择"文字"工具 T ，在表中插入插入点，选择"表 > 表选项 > 交替填色"命令，弹出"表选项"对话框，在"交替模式"下拉列表中选择"无"选项，单击"确定"按钮，关闭表中的交替填色。

8.1.4 任务实施

1 添加并编辑标题文字

（1）选择"文件 > 新建 > 文档"命令，弹出"新建文档"对话框，设置如图 8-90 所示。单击"边距和分栏"按钮，弹出"新建边距和分栏"对话框，设置如图 8-91 所示，单击"确定"按钮，新建一个页面。选择"视图 > 其他 > 隐藏框架边缘"命令，将所绘制图形的框架边缘隐藏。

（2）选择"矩形"工具 ▣ ，在页面中拖曳鼠标指针绘制一个与页面大小相等的矩形，设置填充色的 CMYK 值为 0、0、0、16，并设置描边色为无，效果如图 8-92 所示。

（3）选择"文件 > 置入"命令，弹出"置入"对话框，选择云盘中的"Ch08 > 素材 > 8.1-制作汽车广告 > 01"文件，单击"打开"按钮，在页面空白处单击置入图片。选择"自由变换"工具 ▦ ，将图片拖曳到适当的位置并调整其大小，效果如图 8-93 所示。

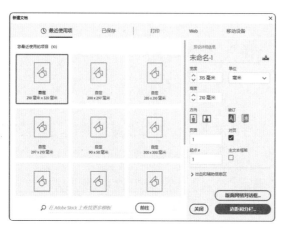

图 8-90

图 8-91

（4）选择"选择"工具 ▶ ，在按住 Shift 键的同时，将矩形和图片同时选取。按 Shift+F7 组合键，弹出"对齐"面板，单击"水平居中对齐"按钮 ▤ ，如图 8-94 所示，对齐效果如图 8-95 所示。

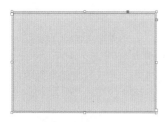

图 8-92

图 8-93

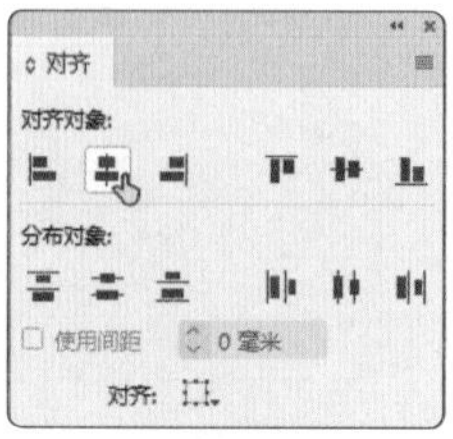

图 8-94

图 8-95

（5）按 Ctrl+O 组合键，弹出"打开文件"对话框，打开云盘中的"Ch08 > 素材 > 8.1-制作汽车广告 > 02"文件，按 Ctrl+A 组合键，全选其中的图形。按 Ctrl+C 组合键，复制选取的图形。返回正在编辑的页面，按 Ctrl+V 组合键，将复制的图形粘贴到页面中，选择"选择"工具▶，拖曳复制的图形到适当的位置，效果如图 8-96 所示。

（6）选择"文字"工具 T，在页面中分别绘制文本框，输入需要的文字并选取，在控制面板中设置合适的字体和文字大小，效果如图 8-97 所示。

（7）选择"选择"工具▶，在按住 Shift 键的同时，将输入的文字同时选取，单击工具箱中的"格式针对文本"按钮 T，设置文字填充色的 CMYK 值为 0、100、100、37，效果如图 8-98 所示。

（8）选择"对象 > 变换 > 切变"命令，弹出"切变"对话框，设置如图 8-99 所示，单击"确定"按钮，效果如图 8-100 所示。

图 8-96　　　　　　　　　图 8-97

图 8-98　　　　　　　　　图 8-99　　　　　　　　　图 8-100

2 置入并编辑图片

（1）选择"矩形"工具 □，在按住 Shift 键的同时，在适当的位置绘制矩形。设置填充色为黑色，并设置描边色的 CMYK 值为 0、0、10、0，填充描边。在控制面板中将"描边粗细" ↕ 0.283 点 ∨ 设置为 5 点，按 Enter 键，效果如图 8-101 所示。

（2）选择"文件 > 置入"命令，弹出"置入"对话框，选择云盘中的"Ch08 > 素材 > 8.1-制作汽车广告 > 03"文件，单击"打开"按钮，在页面空白处单击置入图片。选择"自由变换"工具 ▦，将图片拖曳到适当的位置并调整大小，效果如图 8-102 所示。

（3）保持图片的选取状态，按 Ctrl+X 组合键，剪切图片。选择"选择"工具▶，选择下方矩形，如图 8-103 所示，选择"编辑 > 贴入内部"命令，将图片贴入矩形的内部，效果如图 8-104 所示。使用相同的方法置入"04""05"图片，制作出图 8-105 所示的效果。

（4）选择"文字"工具 T，在适当的位置绘制文本框，输入需要的文字并选取，在控制面板中设置合适的字体和文字大小，效果如图 8-106 所示。在控制面板中将"行距" 槛 ○ 0点 ▽ 设置为 18 点，按 Enter 键，效果如图 8-107 所示。

图 8-101　　　　　图 8-102　　　　　图 8-103　　　　　图 8-104　　　　　图 8-105

图 8-106　　　　　　　　　　　　图 8-107

（5）保持文字的选取状态。在按住 Alt 键的同时，单击控制面板中的"项目符号列表"按钮 ，在弹出的"项目符号和编号"对话框中将"列表类型"设为"项目符号"，单击"添加"按钮，在弹出的"添加项目符号"对话框中选择需要的符号，如图 8-108 所示，单击"确定"按钮，回到"项目符号和编号"对话框中，设置如图 8-109 所示，单击"确定"按钮，效果如图 8-110 所示。

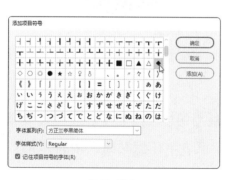   

图 8-108　　　　　　　　　　　图 8-109　　　　　　　　　　图 8-110

❸ 绘制并编辑表格

（1）选择"文字"工具 ，在页面外绘制出一个文本框。选择"表 > 插入表"命令，在弹出的对话框中进行设置，如图 8-111 所示，单击"确定"按钮，效果如图 8-112 所示。

（2）将鼠标指针移至表的左上角，当鼠标指针变为箭头形状 时，单击选取整个表，选择"表 > 单元格选项 > 描边和填色"命令，弹出"单元格选项"对话框，设置如图 8-113 所示，单击"确定"按钮，效果如图 8-114 所示。

图 8-111

图 8-112

图 8-113

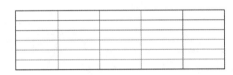

图 8-114

（3）将鼠标指针移到表格第一行的下边缘，当鼠标指针变为图标‡时，按住鼠标左键向下拖曳，如图 8-115 所示，松开鼠标左键，效果如图 8-116 所示。

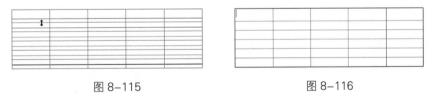

图 8-115　　　　　　　　　　　　　　　图 8-116

（4）将鼠标指针移到表格第一列的右边缘，鼠标指针变为图标↔，在按住 Shift 键的同时，按住鼠标左键向左拖曳鼠标指针，如图 8-117 所示，松开鼠标左键，效果如图 8-118 所示。使用相同方法调整其他列，效果如图 8-119 所示。

图 8-117　　　　　　　　　图 8-118　　　　　　　　　图 8-119

（5）将鼠标指针移到表最后一行的左边缘，当鼠标指针变为图标➡时单击，选取最后一行，如图 8-120 所示。选择"表 > 合并单元格"命令，将选取的表格合并，效果如图 8-121 所示。

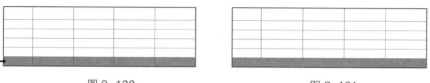

图 8-120　　　　　　　　　　　　　　　　图 8-121

（6）选择"表 > 表选项 > 交替填色"命令，弹出"表选项"对话框，在"交替模式"下拉列表中选择"每隔一行"选项。单击"颜色"选项右侧的⌄按钮，在弹出的色板中选择需要的颜色，其他选项的设置如图 8-122 所示，单击"确定"按钮，效果如图 8-123 所示。

图 8-122

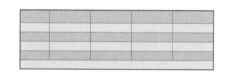

图 8-123

（7）选择"文字"工具 T，在表格中输入需要的文字。将输入的文字选取，在控制面板中设置合适的字体和文字大小，效果如图 8-124 所示。

（8）将鼠标指针移至表格的左上方，当鼠标指针变为箭头形状↘时单击，选取整个表格，

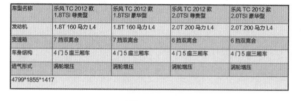

图 8-124

如图 8-125 所示。在控制面板中，单击"居中对齐"按钮☰和"居中对齐"按钮▦，文字的效果如图 8-126 所示。

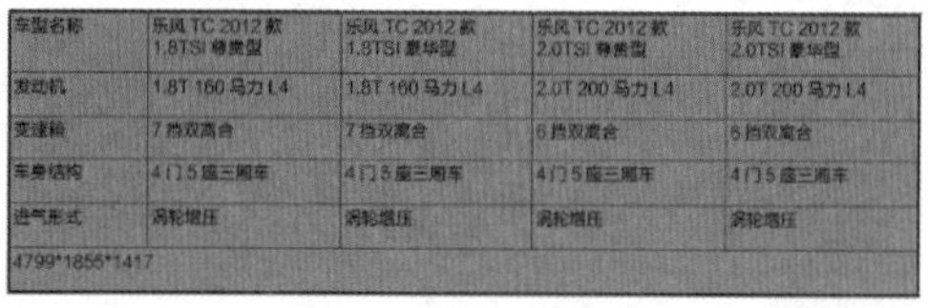

图 8-125　　　　　　　　　　　　　　　图 8-126

（9）选择"选择"工具 ▶，选取表格并将其拖曳到页面中适当的位置，效果如图 8-127所示。选择"文字"工具 T，在适当的位置绘制文本框，输入需要的文字并选取，在控制面板中设置合适的字体和文字大小。将"字符间距" Ⅷ⌄ 0 ⌄设置为 160，按 Enter 键，效果如图 8-128 所示。

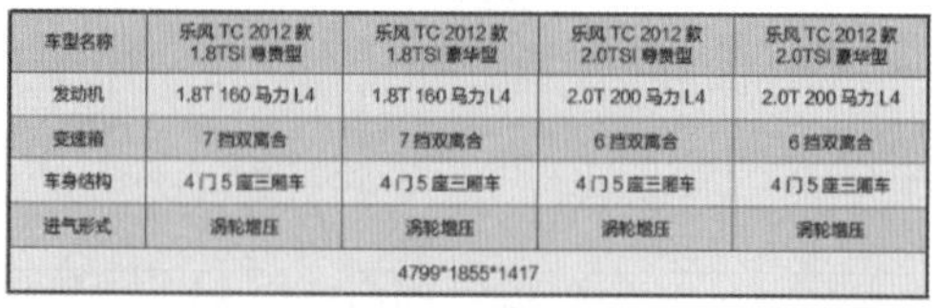

（10）选择"文字"工具 T，选取英文文本"WU FENG"，在控制面板中设置合适的字体和文字大小，效果如图 8-129 所示。选取文本"WU FENG 五风汽车"，设置文字填充

色的 CMYK 值为 0、100、100、37，效果如图 8-130 所示。在空白页面处单击，取消文字的
选取状态。汽车广告制作完成，效果如图 8-131 所示。

图 8-127

图 8-128

图 8-129

图 8-130

图 8-131

8.1.5 扩展实践：制作购物节海报

使用"置入"命令置入素材；使用"绘图"工具和"描边"
面板绘制装饰图案；使用"插入表"命令插入表格；使用"段
落"面板和"表"面板对表中的文字进行编辑。最终效果
参看云盘中的"Ch08 > 效果 > 8.1.5 扩展实践：制作购物节
海报"，如图 8-132 所示。

微课

制作购物节海报

图 8-132

任务 8.2 制作卡片

微课

制作卡片

8.2.1 任务引入

本任务是制作一款用于日常问候的卡片，要求设计风格清新，能够表达出真挚的祝福。

8.2.2 设计理念

设计时，通过装饰花环营造自然、温馨的氛围；醒目的文字传达出祝福之意，主题明确。

最终效果参看云盘中的"Ch08 > 效果 > 8.2- 制作卡片"，如图 8-133
所示。

图 8-133

8.2.3　任务知识：图层面板

1　创建图层并指定图层选项

选择"窗口 > 图层"命令，弹出"图层"面板，如图 8-134 所示。单击面板右上方的按
钮 ≡，在弹出的菜单中选择"新建图层"命令，弹出"新建图层"对话框，如图 8-135 所示，
在其中设置需要的选项，单击"确定"按钮，"图层"面板的显示如图 8-136 所示。

图 8-134

图 8-135

图 8-136

"新建图层"对话框中的各选项的功能如下。

- "显示图层"选项：使图层可见并可打印；与"图层"面板中眼睛图标 ● 的效果相同。

- "显示参考线"选项：使图层上的参考线可见；如果未勾选此复选框，可以选择"视
图 > 网格和参考线 > 显示参考线"命令，让参考线可见。

- "锁定图层"选项：可以防止对图层上的任何对象进行更改；与"图层"面板中交叉
铅笔图标的效果相同。

- "锁定参考线"选项：可以防止对图层上的所有标尺参考线进行更改。

- "打印图层"选项：允许图层被打印；当打印或导出为 PDF 时，可以决定是否打印
隐藏图层和非打印图层。

- "图层隐藏时禁止文本绕排"选项：在图层处于隐藏状态并且包含应用了文本绕排的
文本时，若勾选此复选框，可使其他图层上的文本正常排列。

在"图层"面板中单击"创建新图层"按钮 ■，可以创建新图层；双击图层，弹出"图
层选项"对话框，在其中设置需要的选项，单击"确定"按钮，可编辑图层。

2　在图层上添加对象

在"图层"面板中选取要添加对象的图层，使用"置入"命令可以在选取的图层上添加
对象；直接在页面中绘制需要的图形，也可添加对象。

在隐藏或锁定的图层上，无法绘制或置入新对象。

◎ 选择图层上的对象

选择"选择"工具 ▶，可选取任意图层上的图形对象。

在按住 Alt 键的同时，单击"图层"面板中的图层，可选取当前图层上的所有对象。

◎ 移动图层上的对象

选择"选择"工具 ，选取要移动的对象，如图 8-137 所示。在"图层"面板中拖曳图层列表右侧的彩色点到目标图层，如图 8-138 所示，将选定对象移动到另一个图层。当再次选取该对象时，其选取状态如图 8-139 所示，"图层"面板的显示如图 8-140 所示。

图 8-137   图 8-138   图 8-139   图 8-140

选择"选择"工具 ，选取要移动的对象，如图 8-141 所示。按 Ctrl+X 组合键，剪切图形，在"图层"面板中选取要移动到的目标图层，如图 8-142 所示，按 Ctrl+V 组合键，粘贴图形，效果如图 8-143 所示。

◎ 复制图层上的对象

选择"选择"工具 ，选取要复制的对象，如图 8-144 所示。在按住 Alt 键的同时，在"图层"面板中拖曳图层列表右侧的彩色点到目标图层，如图 8-145 所示，将选定对象复制到另一个图层，并微移复制的图形，效果如图 8-146 所示。

    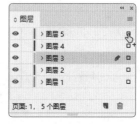

图 8-141   图 8-142   图 8-143   图 8-144   图 8-145   图 8-146

 提示   在按住 Ctrl 键的同时，拖曳图层列表右侧的彩色点，可将选定对象移动到隐藏或锁定的图层；在按住 Ctrl+Alt 组合键的同时，拖曳图层列表右侧的彩色点，可将选定对象复制到隐藏或锁定的图层。

❸ 更改图层的顺序

在"图层"面板中选取要调整的图层，如图 8-147 所示。按住鼠标左键拖曳选取的图层到需要的位置，如图 8-148 所示，松开鼠标左键，效果如图 8-149 所示。

图 8-147   图 8-148   图 8-149

也可同时选取多个图层，调整图层的顺序。

④ **显示或隐藏图层**

在"图层"面板中选取要隐藏的图层，如图 8-150 所示，原图形效果如图 8-151 所示。
单击图层列表左侧的眼睛图标 ◉ 隐藏该图层，"图层"面板的显示如图 8-152 所示，调整后
的图形效果如图 8-153 所示。

图 8-150   图 8-151   图 8-152   图 8-153

在"图层"面板中选取要显示的图层，如图 8-154 所示，原图形效果如图 8-155 所示。
单击面板右上方的 ≡ 按钮，在弹出的菜单中选择"隐藏其他"命令，可隐藏除选取图层外的
所有图层。"图层"面板的显示如图 8-156 所示，调整后的图形效果如图 8-157 所示。

图 8-154   图 8-155   图 8-156   图 8-157

在"图层"面板中单击右上方的 ≡ 按钮，在弹出的菜单中选择"显示全部图层"命令，
可显示所有图层。

隐藏的图层不能编辑，且不会显示在屏幕上，打印时也不显示。

⑤ **锁定或解锁图层**

在"图层"面板中选取要锁定的图层，如图 8-158 所示。单击图层列表左侧的空白方格
▯，如图 8-159 所示，显示锁定图标 🔒 即图层被锁定，"图层"面板的显示如图 8-160 所示。

在"图层"面板中选取不需要锁定的图层，如图 8-161 所示。单击"图层"面板右上方

的≡按钮，在弹出的菜单中选择"锁定其他"命令，可锁定除选取图层外的所有图层，"图层"面板的显示如图 8-162 所示。

在"图层"面板中单击右上方的≡按钮，在弹出的菜单中选择"解锁全部图层"命令，可解除所有图层的锁定。

图 8-158　　　　　图 8-159　　　　　图 8-160　　　　　图 8-161　　　　　图 8-162

6 删除图层

在"图层"面板中选取要删除的图层，如图 8-163 所示，原图形效果如图 8-164 所示。单击面板下方的"删除选定图层"按钮，删除选取的图层，"图层"面板的显示如图 8-165 所示，调整后的图形效果如图 8-166 所示。

图 8-163　　　　　图 8-164　　　　　图 8-165　　　　　图 8-166

在"图层"面板中选取要删除的图层，单击面板右上方的按钮≡，在弹出的菜单中选择"删除图层'图层名称'"命令，可删除选取的图层。

在按住 Ctrl 键的同时，在"图层"面板中选取多个要删除的图层，单击面板中的"删除选定图层"按钮或使用面板中的"删除图层'图层名称'"命令，可删除多个图层。

提示　　要删除所有空图层，可单击"图层"面板右上方的按钮≡，在弹出的菜单中选择"删除未使用的图层"命令。

8.2.4 任务实施

（1）选择"文件 > 新建 > 文档"命令，弹出"新建文档"对话框，设置如图 8-167 所示。单击"边距和分栏"按钮，弹出"新建边距和分栏"对话框，设置如图 8-168 所示，单击"确定"按钮，新建一个页面。选择"视图 > 其他 > 隐藏框架边缘"命令，将所绘制图形的框架边缘隐藏。

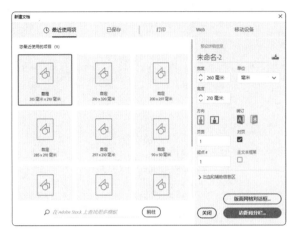

图 8-167   图 8-168

（2）按 F7 键，弹出"图层"面板，双击"图层 1"图层，弹出"图层选项"对话框，设置如图 8-169 所示。单击"确定"按钮，"图层"面板如图 8-170 所示。

（3）选择"文件 > 置入"命令，弹出"置入"对话框，选择云盘中的"Ch08 > 素材 > 8.2-制作卡片 > 01"文件，单击"打开"按钮，在页面空白处单击置入图片。选择"自由变换"工具图，将图片拖曳到适当的位置并调整大小，效果如图 8-171 所示。

（4）单击"图层"面板右上方的≡按钮，在弹出的菜单中选择"新建图层"命令，弹出"新建图层"对话框，设置如图 8-172 所示。单击"确定"按钮，新建"小鸟"图层。

图 8-169   图 8-170   图 8-171   图 8-172

（5）选择"文件 > 置入"命令，弹出"置入"对话框，选择云盘中的"Ch08 > 素材 > 8.2-制作卡片 > 02"文件，单击"打开"按钮，在页面空白处单击置入图片。选择"自由变换"工具图，将图片拖曳到适当的位置并调整大小，效果如图 8-173 所示。

（6）按 Ctrl+C 组合键，复制图片，选择"编辑 > 原位粘贴"命令，将图片原位粘贴。单击控制面板中的"垂直翻转"按钮，将图片垂直翻转，效果如图 8-174 所示。选择"选择"工具，在按住 Shift 键的同时，垂直向下拖曳翻转后的图片到适当的位置，效果如图 8-175 所示。

图 8-173   图 8-174   图 8-175

（7）单击"图层"面板右上方的按钮≡，在弹出的菜单中选择"新建图层"命令，弹出"新建图层"对话框，设置如图8-176所示。单击"确定"按钮，新建"花1"图层。

（8）选择"文件 > 置入"命令，弹出"置入"对话框，选择云盘中的"Ch08 > 素材 > 8.2-制作卡片 > 03"文件，单击"打开"按钮，在页面空白处单击置入图片。选择"自由变换"工具■，将图片拖曳到适当的位置并调整大小，效果如图8-177所示。

（9）选择"选择"工具▶，在控制面板中将"旋转角度"△○ 0° 设置为 -129°，按 Enter 键，旋转图片，效果如图8-178所示。

（10）按 Ctrl+C 组合键，复制图片，选择"编辑 > 原位粘贴"命令，将图片原位粘贴。单击控制面板中的"水平翻转"按钮▶I，将图片水平翻转，效果如图8-179所示。在按住Shift 键的同时，水平向左拖曳翻转后的图片到适当的位置，效果如图8-180所示。

图 8-176

图 8-177

图 8-178

图 8-179

图 8-180

（11）选择"选择"工具▶，在按住 Shift 键的同时选取原图片，如图8-181所示。按 Ctrl+C 组合键，复制图片，选择"编辑 > 原位粘贴"命令，将图片原位粘贴。单击控制面板中的"垂直翻转"按钮▼，将图片垂直翻转，效果如图8-182所示。在按住 Shift 键的同时，垂直向下拖曳翻转后的图片到适当的位置，效果如图8-183所示。

图 8-181

图 8-182

图 8-183

（12）使用上述相同方法新建图层，置入相应的图片，并调整其大小和角度，效果如图8-184所示，"图层"面板如图8-185所示。

（13）单击"图层"面板右上方的≡按钮，在弹出菜单中选择"新建图层"命令，弹出"新建图层"对话框，设置如图8-186所示。单击"确定"按钮，新建"文字"图层。

图 8-184

图 8-185

图 8-186

（14）选择"文字"工具 T，在页面中绘制文本框，输入需要的文字并选取文字，在控制面板中设置合适的字体和文字大小，效果如图 8-187 所示。

（15）选择"文字"工具 T，选取文本"GOOD LUCK"，在控制面板中将"行距" 图 0点 设为 65 点，按 Enter 键，效果如图 8-188 所示。设置文字填充色的 CMYK 值为 56、100、63、21，取消文字选取状态，效果如图 8-189 所示。

图 8-187

图 8-188

图 8-189

8.2.5　扩展实践：制作房地产广告

使用"置入"命令、"矩形"工具和"贴入内部"命令制作背景；使用"文字"工具添加宣传语和信息栏；使用"图层"面板创建多个图层。最终效果参看云盘中的"Ch08 > 效果 > 8.2.5 扩展实践：制作房地产广告"，如图 8-190 所示。

图 8-190

微课

制作房地产广告1

微课

制作房地产广告2

任务 8.3　项目演练：制作旅游广告

微课

制作旅游广告

8.3.1　任务引入

某旅行社准备针对暑期欧洲游活动进行宣传，本任务是为该活动制作一则广告。要求设计突出主题，活动内容清晰。

8.3.2　设计理念

设计时，使用景观图片作为背景营造出身临其境的感觉；标题文字的色彩搭配与背景相得益彰，强化主题；下方的表格细目介绍旅行社主推项目，起到宣传的目的。最终效果参看云盘中的"Ch08 > 效果 > 8.3- 制作旅游广告"，如图 8-191 所示。

图 8-191

项目9

页面布局应用技巧——
版面布局与主页

本项目介绍在InDesign CC 2019中编排页面的方法，讲解页面、跨页和主页的概念，以及页码、章节编号的设置和页面面板的使用方法。通过本项目的学习，读者可以快捷地编排页面，减少不必要的重复工作，使排版工作变得更加高效。

09

学习引导

知识目标
- 了解 InDesign CC 2019 文档页面的版面布局

能力目标
- 掌握版面的布局方法
- 掌握主页的创建和使用方法

素养目标
- 提高对页面布局的审美能力
- 培养对页面布局的应用能力

实训项目
- 制作美食图书封面
- 制作美食图书内页

任务 9.1　制作美食图书封面

微课
制作美食图书
封面1

微课
制作美食图书
封面2

9.1.1　任务引入

本任务是为《美味家常菜》一书设计封面，要求设计强调图书的特点，使其在同类图书中脱颖而出。

9.1.2　设计理念

设计时，使用精选的美食照片布满整个封面突出主题；用大号纯色字体表现图书的名称，让读者印象深刻。最终效果参看云盘中的"Ch09 > 效果 > 9.1-制作美食图书封面"，如图 9-1 所示。

图 9-1

9.1.3　任务知识：版面布局

① 设置基本布局

在 InDesign CC 2019 中，建立新文档，设置页面、版心和分栏，指定出血和辅助信息区等为基本版面布局。

◎ 文档窗口一览

在文档窗口中，新建一个页面，如图 9-2 所示。

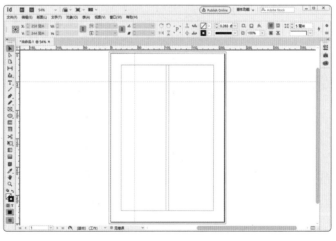

图 9-2

在图 9-2 中，黑线标明跨页文档中每个页面的尺寸；页面右侧和下方的阴影有助于从粘贴板中区分出跨页；围绕在页面外的红色线代表出血区域，蓝色线代表辅助信息区域，属于页面或跨页参考线；品红色的线是边空线（或称版心线）；淡紫色线是分栏线；其他颜色的线条是辅助线。当辅助线出现时，在被选取的情况下，辅助线的颜色显示为所在图层的颜色。

提示　　　分栏线出现在版心线的前面；当分栏线正好在版心线之上时，会遮住版心线。

◎ 更改文档设置

选择"文件 > 文档设置"命令，弹出"文档设置"对话框，单击"出血和辅助信息区"左侧的按钮 ，展开"出血和辅助信息区"设置区，如图9-3所示。单击"调整版面"按钮，弹出"调整版面"对话框，如图9-4所示。指定文档选项，单击"确定"按钮即可更改文档设置。

图 9-3

图 9-4

◎ 更改页边距和分栏

在"页面"面板中选择要修改的跨页或页面，选择"版面 > 边距和分栏"命令，弹出"边距和分栏"对话框，如图9-5所示。

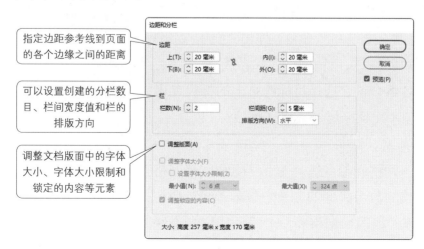

图 9-5

提示　　选择"视图 > 网格和参考线 > 锁定栏参考线"命令，解除栏参考线的锁定；选择"选择"工具 ▶，选取需要的栏参考线，并将其拖曳到适当的位置可以创建不相等的栏宽。

2 版面的精确布局

在 InDesign CC 2019 中，标尺、网格和参考线可以给出对象的精确位置，利于版面的精确布局。

◎ 标尺参考线

将鼠标指针定位到水平（或垂直）标尺上，如图 9-6 所示，按住鼠标左键拖曳到目标跨页上需要的位置，松开鼠标左键，创建标尺参考线，如图 9-7 所示。如果将参考线拖曳到粘贴板上，它将跨越该粘贴板和跨页，如图 9-8 所示；如果将参考线拖曳到页面上，它将变为页面参考线。

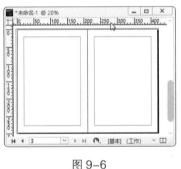　　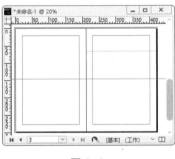

图 9-6　　　　　　　　　　图 9-7　　　　　　　　　　图 9-8

在按住 Ctrl 键的同时，按住鼠标左键从水平（或垂直）标尺拖曳到目标跨页，可以在粘贴板不可见时创建跨页参考线。双击水平或垂直标尺上的特定位置，可在不拖曳的情况下创建跨页参考线。如果要将参考线与最近的刻度线对齐，在双击标尺时按住 Shift 键即可。

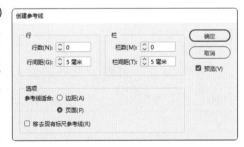

选择"版面 > 创建参考线"命令，弹出"创建参考线"对话框，如图 9-9 所示，可以精确创建参考线。

图 9-9

按 Ctrl+Alt+G 组合键，选择目标跨页上的标尺参考线，按 Delete 键，即可删除参考线；也可以拖曳标尺参考线到标尺上，将其删除。

◎ 网格和参考线

选择"视图 > 网格和参考线 > 显示 / 隐藏文档网格"命令，可以显示或隐藏文档网格；选择"视图 > 网格和参考线 > 显示 / 隐藏参考线"命令，可以显示或隐藏所有边距、栏和标尺的参考线；选择"视图 > 网格和参考线 > 锁定参考线"命令，可以锁定参考线。

9.1.4　任务实施

1 制作封面

（1）选择"文件 > 新建 > 文档"命令，弹出"新建文档"对话框，设置如图 9-10 所示。单击"边距和分栏"按钮，弹出"新建边距和分栏"对话框，设置如图 9-11 所示，单击"确定"按钮，新建一个页面。选择"视图 > 其他 > 隐藏框架边缘"命令，将所绘制图形的框架边缘隐藏。

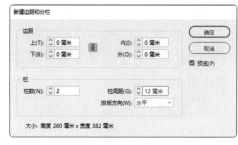

图 9-10　　　　　　　　　　　　　　　　　图 9-11

（2）选择"文件 > 置入"命令，弹出"置入"对话框，选择云盘中的"Ch09 > 素材 > 9.1- 制作美食图书封面 > 01"文件，单击"打开"按钮，在页面空白处单击置入图片。选择"自由变换"工具，拖曳图片到适当的位置并调整大小。选择"选择"工具，裁剪图片，效果如图 9-12 所示。

（3）选择"文字"工具，在页面中绘制两个文本框，输入需要的文字。选取输入的文字，在控制面板中设置合适的字体和文字大小，将文字填充为白色，取消文字的选取状态，效果如图 9-13 所示。

图 9-12　　　　　　　　　　　图 9-13

（4）选择"文字"工具，选取文字"美味"，在控制面板中将"字符间距"设为 -250，按 Enter 键，效果如图 9-14 所示。选取文字"家常菜"，在控制面板中将"字符间距"设为 -180，按 Enter 键，效果如图 9-15 所示。

图 9-14　　　　　　　　　图 9-15

（5）选择"选择"工具，在按住 Shift 键的同时，将输入的文字同时选取。单击控制面板中的"向选定的目标添加对象效果"按钮，在弹出的菜单中选择"投影"命令，弹出"效果"对话框，设置如图9-16所示；单击"确定"按钮，效果如图9-17所示。

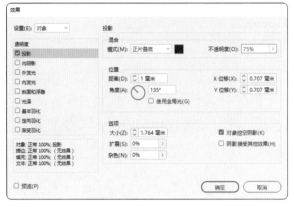

（6）选择"直排文字"工具 T，在适当的位置绘制文本框，并输入需要的文字。分别将输入的文字选取，在控制面板中设置合适的字体和文字大小，取消文字的选

图9-16　　　　　　　　　　　　　　　　　图9-17

取状态，效果如图9-18所示。选取左侧文字"孙岚岚　主编"，填充文字为白色，效果如图9-19所示。

（7）选取右侧需要的文字，在控制面板中将"字符间距" ⅧA ⌄ 0　　 ⌄ 设为1260，按Enter键，效果如图9-20所示。设置文字填充色的CMYK值为0、36、100、0，取消文字的选取状态，效果如图9-21所示。

（8）选择"钢笔"工具 ✐，在适当的位置绘制一个闭合路径，设置图形填充色的CMYK值为0、36、100、0，并设置描边色为无，效果如图9-22所示。

（9）选择"椭圆"工具 ◯，在按住Alt+Shift组合键的同时，以闭合路径的中心为圆心绘制圆形，并设置描边色为白色，效果如图9-23所示。

图9-18　　　　图9-19　　　　图9-20　　　　图9-21　　　　图9-22　　　　图9-23

（10）选择"窗口 > 描边"命令，弹出"描边"面板，在"类型"下拉列表中选择"圆点"选项，其他选项的设置如图9-24所示，按Enter键，效果如图9-25所示。

（11）选择"文字"工具 T，在适当的位置绘制两个文本框，输入需要的文字，将输入的文字选取，在控制面板中设置合适的字体和文字大小，效果如图9-26所示。

（12）选择"选择"工具 ▶，在按住Shift键的同时，将输入的文字同时选取，单击工具箱中的"格式针对文本"按钮 T，设置文字填充色的CMYK值为68、82、100、33，效果如图9-27所示。

图9-24　　　　　图9-25　　　　图9-26　　　　图9-27

（13）选取数字文本"120"，在控制面板中将"X切变角度" 设为10°，按Enter键，效果如图9-28所示。

（14）取消数字文本的选取状态。选择"文件 > 置入"命令，弹出"置入"对话框，选择云盘中的"Ch09 > 素材 > 9.1-制作美食图书封面 > 02"文件，单击"打开"按钮，在页面空白处单击置入图片。选择"自由变换"工具，拖曳图片到适当的位置并调整大小，效果如图9-29所示。单击控制面板中的"逆时针旋转90°"按钮，旋转图片，效果如图9-30所示。

（15）选择"多边形"工具，在页面中单击，弹出"多边形"对话框，设置如图9-31所示，单击"确定"按钮，得到一个多角星形。选择"选择"工具，拖曳多角星形到适当的位置，设置描边色为白色，并在控制面板中将"描边粗细" 设为0.75点，按Enter键，效果如图9-32所示。

图9-28　　　　图9-29　　　　图9-30　　　　图9-31　　　　图9-32

（16）保持图形的选取状态，选择"对象 > 角选项"命令，在弹出的对话框中进行设置，如图9-33所示，单击"确定"按钮，效果如图9-34所示。

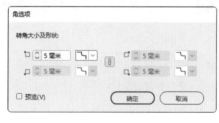
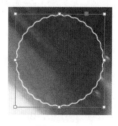

图9-33　　　　图9-34

（17）取消图形的选取状态。选择"文件 > 置入"命令，弹出"置入"对话框，选择云盘中的"Ch09 > 素材 > 9.1-制作美食图书封面 > 03"文件，单击"打开"按钮，在页面空白处单击置入图片。选择"自由变换"工具，拖曳图片到适当的位置并调整大小，效果如图9-35所示。

（18）按Ctrl+X组合键，将图片剪切到剪贴板上。选择"选择"工具，选取下方的圆角星形，选择"编辑 > 贴入内部"命令，将图片贴入圆角星形的内部，效果如图9-36所示。使用相同方法置入其他图片并制作图9-37所示的效果。

（19）选择"文字"工具，在适当的位置绘制文本框，输入需要的文字并选取，在控制面板中设置合适的字体和文字大小，填充文字为白色，效果如图9-38所示。单击控制面板中的"对齐末行居中"按钮▤，对齐效果如图9-39所示。

图9-35　　　　　图9-36　　　　　图9-37　　　　　　图9-38　　　　　　　图9-39

② 制作封底和书脊

（1）选择"文件 > 置入"命令，弹出"置入"对话框，选择云盘中的"Ch09 > 素材 > 9.1- 制作美食图书封面 > 06"文件，单击"打开"按钮，在页面空白处单击置入图片。选择"自由变换"工具▣，拖曳图片到适当的位置并调整大小，选择"选择"工具▶，裁剪图片，效果如图9-40所示。

（2）选择"选择"工具▶，选取封面中需要的图片，在按住 Alt 键的同时，向右拖曳图片到封底中适当的位置复制，效果如图9-41所示。

图9-40　　　　　　　　　　　　　　图9-41

（3）选择"直接选择"工具▷，当鼠标指针变为"抓手"图标✋时选取图片，如图9-42所示，按 Delete 键将其删除，效果如图9-43所示。选择"选择"工具▶，选取圆角星形，在按住 Alt+Shift 组合键的同时，向外拖曳右上角的锚点，等比例放大图形，效果如图9-44所示。

图9-42　　　　　　　　　图9-43　　　　　　　　图9-44

（4）取消图片的选取状态。选择"文件 > 置入"命令，弹出"置入"对话框，选择云盘中的"Ch09 > 素材 > 9.1- 制作美食图书封面 > 07"文件，单击"打开"按钮，在页面空白处单击置入图片。选择"自由变换"工具▣，拖曳图片到适当的位置并调整大小，效果如图9-45所示。

（5）按 Ctrl+X 组合键，将图片剪切到剪贴板上。选择"选择"工具 ▶，选取下方的圆角星形，选择"编辑 > 贴入内部"命令，将图片贴入圆角星形的内部，效果如图 9-46 所示。使用相同的方法置入其他图片并制作出图 9-47 所示的效果。

图 9-45　　　　　　　图 9-46　　　　　　　图 9-47

（6）选择"矩形"工具 ▣，在适当的位置拖曳鼠标指针绘制矩形，设置填充色为白色，并设置描边色为无，效果如图 9-48 所示。

（7）选择"文字"工具 T，在适当的位置绘制文本框，输入需要的文字，选取输入的文字，在控制面板中设置合适的字体和文字大小，取消文字的选取状态，效果如图 9-49 所示。

（8）选择"矩形"工具 ▣，在书脊上绘制一个矩形，设置图形填充色的 CMYK 值为 0、36、100、0，并设置描边色为无，效果如图 9-50 所示。

（9）选择"直排文字"工具 ⁓T，在适当的位置绘制文本框，输入需要的文字。将输入的文字选取，在控制面板中设置合适的字体和文字大小，效果如图 9-51 所示。

图 9-48　　　　　　图 9-49　　　　　　　　图 9-50　　　　　　　　　　图 9-51

（10）保持文字的选取状态，在控制面板中将"字符间距" Ⅵ̲Ａ̲ ⌄ 0　　⌄ 设为 200，按 Enter 键，效果如图 9-52 所示。设置文字填充色的 CMYK 值为 68、82、100、33，取消文字的选取状态，效果如图 9-53 所示。

（11）选择"选择"工具 ▶，选取封面中需要的图片，如图 9-54 所示。在按住 Alt 键的同时，向右拖曳图片到书脊上适当的位置复制。单击控制面板中的"顺时针旋转 90°"按钮 ↻，旋转图片，效果如图 9-55 所示。

（12）用相同的方法分别复制封面中其余的文字到书脊中，效果如图 9-56 所示。美食图书封面制作完成。

图 9-52　图 9-53　　　图 9-54　　　　图 9-55　　　　图 9-56

9.1.5　扩展实践：制作美妆杂志封面

使用"置入"命令置入图片；使用"文字"工具、"投影"命令、"字形"面板添加杂志名称及刊期；使用"文字"工具和"填充"面板添加其他相关信息；使用"矩形"工具、"角选项"命令制作装饰图形。最终效果参看云盘中的"Ch09 > 效果 > 9.1.5 扩展实践：制作美妆杂志封面"，如图 9-57 所示。

微课
制作美妆杂志封面1

微课
制作美妆杂志封面2

图 9-57

任务 9.2　制作美食图书内页

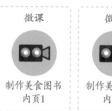

微课
制作美食图书内页1

微课
制作美食图书内页2

微课
制作美食图书内页3

9.2.1　任务引入

本任务是为《美味家常菜》一书制作内页。要求设计综合运用图片和简介文字，内容清晰，便于阅读。

9.2.2　设计理念

设计时，通过浅色渐变背景搭配精美的食物图片，体现出产品选料精良、美味可口的特点；通过艺术设计的标题文字，展现出时尚和现代感；页面整体图文搭配合理，突出设计主题，且便于读者浏览。最终效果参看云盘中的"Ch09 > 效果 > 9.2- 制作美食图书内页"，如图 9-58 所示。

图 9-58

9.2.3 任务知识：主页应用

❶ 创建主页

可以从头开始创建新的主页，也可以利用现有主页或跨页创建主页。当主页应用于其他页面之后，对源主页所做的任何更改均会自动反映到所有基于它的主页和文档页面中。

◎ 从头开始创建主页

选择"窗口 > 页面"命令，弹出"页面"面板，单击面板右上方的 ≡ 按钮，在弹出的菜单中选择"新建主页"命令，弹出"新建主页"对话框，设置如图 9-59 所示，单击"确定"按钮，创建新的主页，效果如图 9-60 所示。

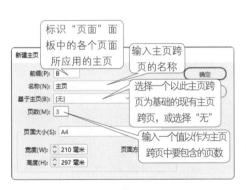

图 9-59

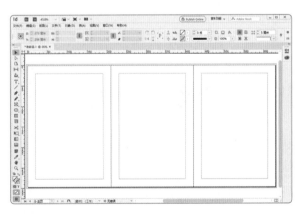

图 9-60

◎ 从现有页面或跨页创建主页

在"页面"面板中选取需要的跨页（或页面）图标，如图 9-61 所示。按住鼠标左键将其从"页面"部分拖曳到"主页"部分，如图 9-62 所示，松开鼠标左键，以现有跨页为基础创建主页，如图 9-63 所示。

图 9-61　　　　　　　　　　　图 9-62　　　　　　　　　　　图 9-63

❷ 复制主页

在"页面"面板中选取需要的主页跨页名称，如图9-64所示。按住鼠标左键将其拖曳到"新建页面"按钮■上，如图9-65所示，松开鼠标左键，在文档中复制主页，如图9-66所示。

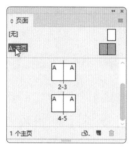

图 9-64　　　　　　　　　　　图 9-65　　　　　　　　　　　图 9-66

在"页面"面板中选取需要的主页跨页名称。单击面板右上方的按钮≡，在弹出的菜单中选择"直接复制主页跨页'B - 主页'"命令，可以在文档中复制主页。

❸ 应用主页

在"页面"面板中选取需要的主页图标，如图9-67所示。按住鼠标左键将其拖曳到要应用主页的页面图标上，当黑色矩形围绕页面时，如图9-68所示，松开鼠标左键，为页面应用主页，如图9-69所示。

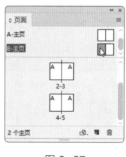

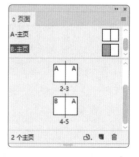

图 9-67　　　　　　　　　　　图 9-68　　　　　　　　　　　图 9-69

在"页面"面板中选取需要的主页跨页图标，如图9-70所示。按住鼠标左键将其拖曳到跨页的角点上，如图9-71所示，当黑色矩形围绕跨页时，松开鼠标左键，为跨页应用主页，如图9-72所示。

提示　在"页面"面板中选取需要的页面图标，在按住 Alt 键的同时，单击要应用的主页，可将主页应用于多个页面。

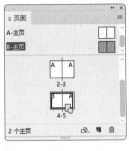

图 9-70　　　　　　　图 9-71　　　　　　　图 9-72

在"页面"面板中选取需要的主页跨页名称，单击面板右上方的≡按钮，在弹出的菜单中选择"将主页应用于页面"命令，弹出"应用主页"对话框，如图 9-73 所示，选择需要应用的主页和要应用的页面，单击"确定"按钮，将主页应用于选定的页面。

图 9-73

4　取消指定的主页

在"页面"面板中选取需要取消指定的主页图标，如图 9-74 所示。在按住 Alt 键的同时，单击［无］的页面图标，即可取消指定的主页，效果如图 9-75 所示。

5　删除主页

在"页面"面板中选取要删除的主页，如图 9-76 所示。单击"删除选中页面"按钮，弹出图 9-77 所示的提示对话框，单击"确定"按钮删除主页，效果如图 9-78 所示。

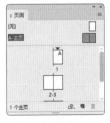

图 9-74　　　　　图 9-75　　　　　图 9-76　　　　　图 9-77　　　　　图 9-78

将选取的主页直接拖曳到"删除选中页面"按钮上，可以删除主页；单击面板右上方的≡按钮，在弹出的菜单中选择"删除主页跨页'B- 主页'"命令，也可以删除主页。

6　添加页码和章节编号

可以在页面上添加页码标记来指定页码的位置和外观。当在文档内增加、移除或排列页面时，页码标记显示的页码会自动更新。页码标记可以与文本一样设置格式和样式。

◎ 添加自动页码

选择"文字"工具 T，在要添加页码的页面中绘制一个文本框，如图9-79所示。选择"文字 > 插入特殊字符 > 标志符 > 当前页码"命令或按Ctrl+Shift+Alt+N组合键，在文本框中添加自动页码，如图9-80所示。

在页面区域显示主页，选择"文字"工具 T，在主页中绘制一个文本框，如图9-81所示。在文本框中单击鼠标右键，在弹出的快捷菜单中选择"插入特殊字符 > 标志符 > 当前页码"命令，在文本框中添加自动页码，如图9-82所示。页码以该主页的前缀显示。

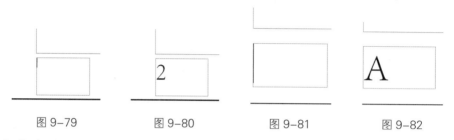

图9-79　　　　图9-80　　　　图9-81　　　　图9-82

◎ 添加章节编号

选择"文字"工具 T，在要显示章节编号的位置绘制一个文本框，如图9-83所示。选择"文字 > 文本变量 > 插入变量 > 章节编号"命令，在文本框中添加章节编号，效果如图9-84所示。

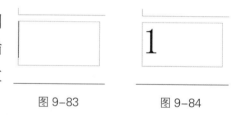

图9-83　　　图9-84

◎ 更改页码和章节编号的格式

选择"版面 > 页码和章节选项"命令，弹出"页码和章节选项"对话框，如图9-85所示。设置需要的选项，单击"确定"按钮，可更改页码和章节编号的格式。部分选项说明如下。

图9-85

● "自动编排页码"选项：让当前章节的页码跟随前一章节的页码；当添加页面时，文档或章节中的页码将自动更新。

● "起始页码"选项：输入文档或当前章节第一页的起始页码。

● "编排页码"选项组中的各选项的功能如下。

● "章节前缀"选项：为章节输入标签，包括要在前缀和页码之间显示的空格或标点符号；前缀的长度不应大于8个字符，也不能为空，并且不能通过按空格键输入空格，而必须从文档窗口中复制和粘贴。

● "样式"选项：从下拉列表中选择一种页码样式，该样式仅应用于本章节中的所有页面。

- "章节标志符"选项：输入一个标签，系统会将其插入页面中。
- "编排页码时包含前缀"选项：可在生成目录或索引时，或者在打印包含自动页码的页面时显示章节前缀；取消勾选此复选框，将在系统中显示章节前缀，但在打印的文档、索引和目录中隐藏。

7 以两页跨页作为文档的开始

选择"文件 > 文档设置"命令，确定文档至少包含 3 个页面，且已勾选"对页"复选框，单击"确定"按钮，效果如图 9-86 所示。设置文档的第一页为空，在按住 Shift 键的同时，在"页面"面板中选取除第一页以外的其他页面，如图 9-87 所示。单击面板右上方的按钮≡，在弹出的菜单中取消选择"允许选定的跨页随机排布"命令，"页面"面板的显示如图 9-88 所示。

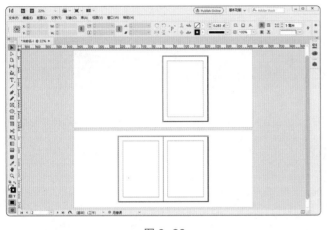

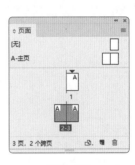

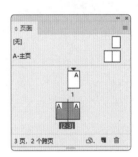

图 9-86　　　　　　　　　　　图 9-87　　　　　　图 9-88

在"页面"面板中选取第一页，单击"删除选定页面"按钮🗑，"页面"面板的显示如图 9-89 所示，页面区域如图 9-90 所示。

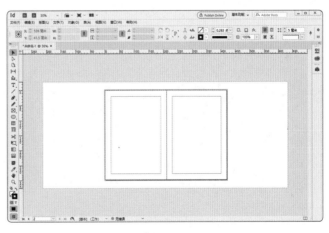

图 9-89　　　　　　　　　　　　　图 9-90

8 添加新页面

在"页面"面板中单击"新建页面"按钮▣，如图 9-91 所示，在活动页面或跨页之后将添加一个页面，如图 9-92 所示。新页面将与已有的活动页面使用相同的主页。

选择"版面 > 页面 > 插入页面"命令或单击"页面"面板右上方的按钮≡，在弹出的菜单中选择"插入页面"命令，弹出"插入页面"对话框，设置如图 9-93 所示，单击"确定"按钮，效果如图 9-94 所示。

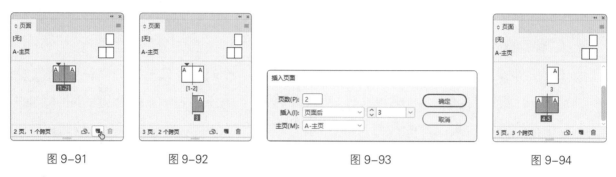

图 9-91　　　　　　　　图 9-92　　　　　　　　图 9-93　　　　　　　　图 9-94

⑨ 移动页面

选择"版面 > 页面 > 移动页面"命令或单击"页面"面板右上方的按钮≡，在弹出的菜单中选择"移动页面"命令，弹出"移动页面"对话框，设置如图 9-95 所示，单击"确定"按钮，移动页面，效果如图 9-96 所示。

在"页面"面板中选取需要的页面图标，如图 9-97 所示，按住鼠标左键将其拖曳至适当的位置，如图 9-98 所示。松开鼠标左键，将选取的页面移动到适当的位置，效果如图 9-99 所示。

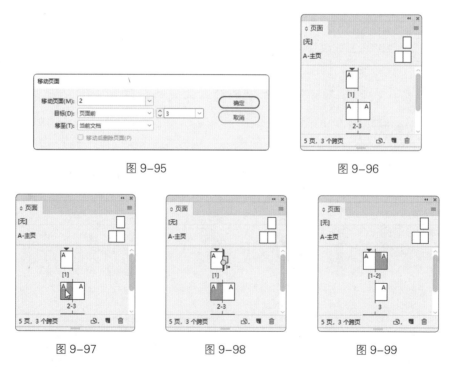

图 9-95　　　　　　　　　　　　　　图 9-96

图 9-97　　　　　　　　图 9-98　　　　　　　　图 9-99

⑩ 复制页面或跨页

在"页面"面板中选取需要的页面图标，按住鼠标左键并将其拖曳到面板下方的"新建页面"按钮🖫上，复制页面。单击"页面"面板右上方的按钮≡，在弹出的菜单中选择"直接复制页面"命令，也可复制页面。

在按住Alt键的同时,在"页面"面板中选取需要的页面图标(或页面范围号码),如图9-100所示。按住鼠标左键，当鼠标指针变为图标 时，将其拖曳到需要的位置，如图9-101所示。文档末尾将生成新的页面，"页面"面板如图9-102所示。

图 9-100

图 9-101

图 9-102

⑪ 删除页面或跨页

在"页面"面板中，将一个或多个页面图标或页面范围号码拖曳到"删除选中页面"按钮 上，删除页面或跨页。在"页面"面板中，选取一个或多个页面图标，单击"删除选中页面"按钮 ，删除页面或跨页。

在"页面"面板中，选取一个或多个页面图标，单击面板右上方的按钮 ，在弹出的菜单中选择"删除页面 / 删除跨面"命令，删除页面或跨页。

9.2.4　任务实施

① 制作主页

（1）选择"文件 > 新建 > 文档"命令，弹出"新建文档"对话框，设置如图9-103所示。单击"边距和分栏"按钮，弹出"新建边距和分栏"对话框，设置如图9-104所示，单击"确定"按钮，新建一个页面。选择"视图 > 其他 > 隐藏框架边缘"命令，将所绘制图形的框架边缘隐藏。

图 9-103

图 9-104

（2）选择"窗口 > 页面"命令，弹出"页面"面板，双击第一页的页面图标，如图 9-105 所示。选择"版面 > 页码和章节选项"命令，弹出"页码和章节选项"对话框，设置如图 9-106 所示。单击"确定"按钮，页面面板的显示如图 9-107 所示。

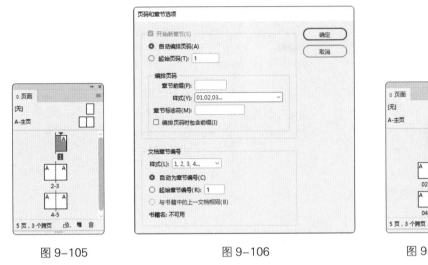

图 9-105　　　　　　　　　图 9-106　　　　　　　　　图 9-107

（3）在状态栏中单击"文档所属页面"选项右侧的按钮▽，在弹出的列表中选择"A-主页"选项。按 Ctrl+R 组合键，显示标尺。选择"选择"工具▶，在页面外绘制一条水平参考线，在控制面板中将"Y"设为 256 毫米，如图 9-108 所示；按 Enter 键，效果如图 9-109 所示。

（4）选择"选择"工具▶，在页面中绘制一条垂直参考线，在控制面板中将"X"设为 4 毫米，如图 9-110 所示；按 Enter 键，效果如图 9-111 所示。保持参考线的选取状态，并在控制面板中将"X"设为 366 毫米，按 Alt+Enter 组合键，效果如图 9-112 所示。选择"视图 > 网格和参考线 > 锁定参考线"命令，将参考线锁定。

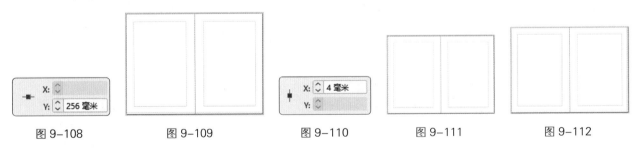

图 9-108　　　　　　图 9-109　　　　　　图 9-110　　　　　　图 9-111　　　　　　图 9-112

（5）选择"文字"工具 T，在适当的位置绘制文本框，按 Ctrl+Shift+Alt+N 组合键，在文本框中添加自动页码，效果如图 9-113 所示。选取添加的页码，在控制面板中设置合适的字体和文字大小，单击"居中对齐"按钮▤，效果如图 9-114 所示。

（6）选择"选择"工具▶，选取页码，选择"对象 > 适合 > 使框架适合内容"命令，使文本框适合文字，如图 9-115 所示。选择"选择"工具▶，在按住 Alt+Shift 组合键的同时，向右拖曳页码到跨页上适当的位置复制，效果如图 9-116 所示。

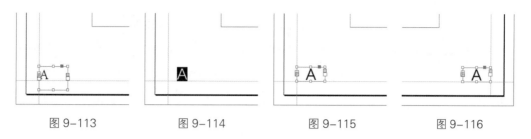

图 9-113　　　　　　图 9-114　　　　　　图 9-115　　　　　　图 9-116

② 制作内页 02

（1）在状态栏中单击"文档所属页面"选项右侧的按钮⌄，在弹出的列表中选择"02"选项。选择"矩形"工具▣，在页面中绘制一个矩形，如图 9-117 所示。

（2）保持图形的选取状态，选择"对象 > 角选项"命令，在弹出的"角选项"对话框中进行设置，如图 9-118 所示，单击"确定"按钮，效果如图 9-119 所示。

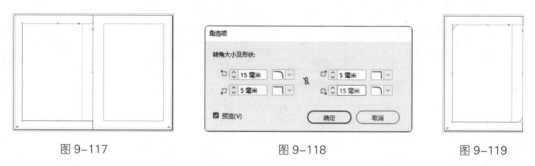

图 9-117　　　　　　　　　　　图 9-118　　　　　　　　　　　图 9-119

（3）取消图形的选取状态，选择"文件 > 置入"命令，弹出"置入"对话框，选择云盘中的"Ch09 > 素材 > 9.2- 制作美食图书内页 > 01"文件，单击"打开"按钮，在页面空白处单击置入图片。选择"自由变换"工具▥，拖曳图片到适当的位置并调整大小，效果如图 9-120 所示。

（4）按 Ctrl+X 组合键，将图片剪切到剪贴板上。选择"选择"工具▶，选取下方的矩形，选择"编辑 > 贴入内部"命令，将图片贴入矩形框的内部，并设置描边色为无，效果如图 9-121 所示。

（5）选择"矩形"工具▣，在适当的位置绘制一个矩形，设置矩形填充色的 CMYK 值为 0、40、100、0，并设置描边色为无，效果如图 9-122 所示。

（6）保持图形的选取状态，选择"对象 > 角选项"命令，在弹出的"角选项"对话框中进行设置，如图 9-123 所示，单击"确定"按钮，效果如图 9-124 所示。

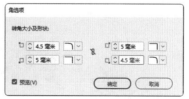

图 9-120　　　　图 9-121　　　　图 9-122　　　　图 9-123　　　　图 9-124

（7）选取并复制记事本文档中需要的文字，返回到 InDesign 页面中，选择"文字"工具 T，在适当的位置绘制文本框，将复制的文字粘贴到文本框中并选取，在控制面板中设置合适的字体和文字大小，填充文字为白色，效果如图 9-125 所示。

（8）选择"选择"工具 $\blacktriangleright$，选取文字，按 F11 键，弹出"段落样式"面板，单击面板下方的"创建新样式"按钮 $\blacksquare$，生成新的段落样式并将其命名为"菜名"，如图 9-126 所示。

（9）选择"矩形"工具 $\square$，在适当的位置绘制一个矩形，设置矩形填充色的 CMYK 值为 0、60、100、10，并设置描边色为无，效果如图 9-127 所示。

（10）保持图形的选取状态，选择"对象 > 角选项"命令，在弹出的"角选项"对话框中进行设置，如图 9-128 所示，单击"确定"按钮，效果如图 9-129 所示。

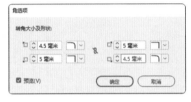

图 9-125　　　　图 9-126　　　　　图 9-127　　　　　图 9-128　　　　　图 9-129

（11）取消图形的选取状态。选择"文件 > 置入"命令，弹出"置入"对话框，选择云盘中的"Ch09 > 素材 > 9.2- 制作美食图书内页 > 02"文件，单击"打开"按钮，在页面空白处单击置入图片。选择"自由变换"工具 $\boxed{}$，拖曳图片到适当的位置并调整大小，效果如图 9-130 所示。

（12）选取并复制记事本文档中需要的文字，返回到 InDesign 页面中，选择"文字"工具 T，在适当的位置绘制文本框，将复制的文字粘贴到文本框中并选取，在控制面板中设置合适的字体和文字大小，填充文字为白色，取消文字的选取状态，效果如图 9-131 所示。

（13）用相同的方法置入其他图片并添加相应的文字，效果如图 9-132 所示。分别选取并复制记事本文档中需要的文字，返回到 InDesign 页面中，选择"文字"工具 T，在适当的位置绘制文本框，将复制的文字粘贴到文本框中并选取，在控制面板中设置合适的字体和文字大小，取消文字的选取状态，效果如图 9-133 所示。

（14）选择"选择"工具 $\blacktriangleright$，在按住 Shift 键的同时，将输入的文字同时选取，单击工具箱中的"格式针对文本"按钮 T，设置文字填充色的 CMYK 值为 0、60、100、10，效果如图 9-134 所示。

图 9-130　　　　图 9-131　　　　图 9-132　　　　　图 9-133　　　　　图 9-134

（15）选择"多边形"工具  ，在页面中单击，弹出"多边形"对话框，设置如图 9-135 所示，单击"确定"按钮，得到一个五角星；选择"选择"工具 ，拖曳五角星到适当的位置，效果如图 9-136 所示。

（16）保持星形的选取状态，设置图形填充色的 CMYK 值为 0、60、100、10，并设置描边色为无，效果如图 9-137 所示。选择"选择"工具 ，在按住 Alt+Shift 组合键的同时，水平向右拖曳五角星到适当的位置复制，效果如图 9-138 所示。按 Ctrl+Alt+4 组合键再复制一个五角星，效果如图 9-139 所示。

图 9-135　　　　图 9-136　　　　图 9-137　　　　图 9-138　　　　图 9-139

（17）选取并复制记事本文档中需要的文字，返回到 InDesign 页面中，选择"文字"工具 T ，在适当的位置绘制文本框，将复制的文字粘贴到文本框中并选取，在控制面板中设置合适的字体和文字大小，填充文字为白色，取消文字的选取状态，效果如图 9-140 所示。

（18）选择"直线"工具 ，在按住 Shift 键的同时，在文字左侧拖曳鼠标指针绘制一条直线，填充描边为白色，并在控制面板中将"描边粗细" 设为 0.5 点，按 Enter 键，效果如图 9-141 所示。

图 9-140　　　　　　　　　图 9-141

（19）选择"选择"工具 ，在按住 Alt+Shift 组合键的同时，水平向右拖曳直线到适当的位置复制，效果如图 9-142 所示。向右拖曳直线右侧的锚点到适当的位置，调整直线的长度，效果如图 9-143 所示。

图 9-142　　　　　　　图 9-143

（20）选取并复制记事本文档中需要的文字，返回到 InDesign 页面中，选择"文字"工具 T ，在适当的位置绘制文本框，将复制的文字粘贴到文本框中并选取，在控制面板中设置合适的字体和文字大小，填充文字为白色，效果如图 9-144 所示。在控制面板中将"行距" 设为 12 点，按 Enter 键，取消文字的选取状态，效果如图 9-145 所示。

图 9-144　　　　　　　　　　　　　　　　　　　图 9-145

③ 制作内页 03

（1）在状态栏中单击"文档所属页面"选项右侧的按钮☑，在弹出的列表中选择"03"选项。选择"矩形"工具▣，在适当的位置绘制一个矩形，在控制面板中将"描边粗细"⟨⟩0.283 点⟨⟩设为 0.5 点，按 Enter 键；设置描边色的 CMYK 值为 0、60、100、10，效果如图 9-146 所示。

（2）保持图形的选取状态，选择"对象 > 角选项"命令，在弹出的对话框中进行设置，如图 9-147 所示。单击"确定"按钮，取消图形的选取状态，效果如图 9-148 所示。

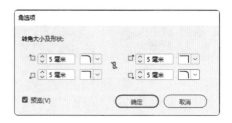

图 9-146　　　　　　　　　　　图 9-147　　　　　　　　　　　图 9-148

（3）选择"矩形"工具▣，在适当的位置绘制一个矩形，设置矩形填充色的 CMYK 值为 0、60、100、10，并设置描边色为无，效果如图 9-149 所示。在控制面板中将"X 切变角度"▰⟨⟩0°⟨⟩设置为 10°，按 Enter 键，效果如图 9-150 所示。

图 9-149　　　　　　　　　　　　　　　　　　图 9-150

（4）选取并复制记事本文档中需要的文字，返回到 InDesign 页面中，选择"文字"工具▣，在适当的位置绘制文本框，将复制的文字粘贴到文本框中并选取，在控制面板中设置合适的字体和文字大小，填充文字为白色，取消文字的选取状态，效果如图 9-151 所示。用相同的方法输入其他文字，效果如图 9-152 所示。

图 9-151　　　　　　　　　　　　　　　　　　图 9-152

（5）选择"选择"工具▶，在按住 Shift 键的同时，选取需要的文字，单击工具箱中的"格式针对文本"按钮▣，设置文字填充色的 CMYK 值为 0、0、0、80，效果如图 9-153

所示。用相同的方法制作其他图形和文字，效果如图 9-154 所示。

图 9-153

图 9-154

（6）选择"直线"工具 ／，在按住 Shift 键的同时，在适当的位置绘制一条直线，在控制面板中将"描边粗细" ⟨0.283 点⟩设为 0.5 点，按 Enter 键；设置描边色的 CMYK 值为 0、60、100、10，效果如图 9-155 所示。

（7）选择"选择"工具 ▶，在按住 Shift 键的同时，选取需要的图形和文字，如图 9-156 所示。在按住 Alt+Shift 组合键的同时，垂直向下拖曳图形和文字到适当的位置复制，效果如图 9-157 所示。选择"文字"工具 T，选取并重新输入文字，效果如图 9-158 所示。

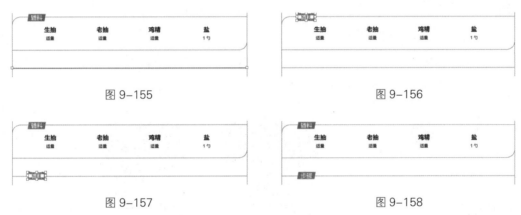

图 9-155

图 9-156

图 9-157

图 9-158

（8）选择"矩形"工具 ▣，在适当的位置绘制一个矩形，如图 9-159 所示。选择"对象 > 角选项"命令，在弹出的"角选项"对话框中进行设置，如图 9-160 所示，单击"确定"按钮，效果如图 9-161 所示。

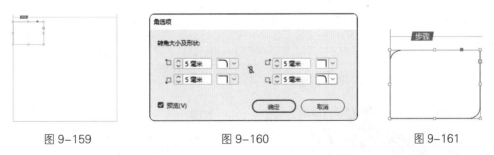

图 9-159

图 9-160

图 9-161

（9）选择"选择"工具 ▶，在按住 Alt+Shift 组合键的同时，水平向右拖曳图形到适当的位置复制，效果如图 9-162 所示。按 Ctrl+Alt+4 组合键再复制出一个图形，效果如图 9-163 所示。用相同的方法复制几组图形，效果如图 9-164 所示。

图 9-162　　　　图 9-163　　　　图 9-164

（10）选择"文件>置入"命令，弹出"置入"对话框，选择云盘中的"Ch09>素材>制作美食图书内页>04"文件，单击"打开"按钮，在页面空白处单击置入图片。选择"自由变换"工具，拖曳图片到适当的位置并调整大小，效果如图 9-165 所示。

（11）按 Ctrl+X 组合键，将图片剪切到剪贴板。选择"选择"工具，选取下方的矩形，选择"编辑>贴入内部"命令，将图片贴入矩形框的内部，并设置描边色为无，效果如图 9-166 所示。

（12）选取并复制记事本文档中需要的文字，返回到 InDesign 页面中，选择"文字"工具，在适当的位置绘制文本框，将复制的文字粘贴到文本框中，并选取，在控制面板中设置合适的字体和文字大小，效果如图 9-167 所示。在控制面板中将"行距"设为 10 点，按 Enter 键，效果如图 9-168 所示。

（13）选择"选择"工具，选取文字，单击"段落样式"面板下方的"创建新样式"按钮，生成新的段落样式并将其命名为"步骤文字"，如图 9-169 所示。

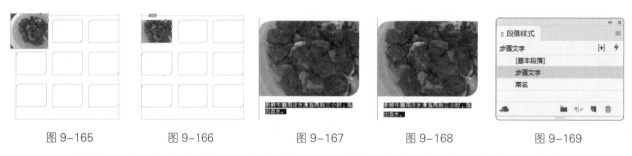

图 9-165　　　图 9-166　　　图 9-167　　　图 9-168　　　图 9-169

（14）取消文字的选取状态。选择"文件>置入"命令，弹出"置入"对话框，选择云盘中的"Ch09>素材>制作美食图书内页>05"文件，单击"打开"按钮，在页面空白处单击置入图片。选择"自由变换"工具，拖曳图片到适当的位置并调整大小，效果如图 9-170 所示。

（15）按 Ctrl+X 组合键，将图片剪切到剪贴板。选择"选择"工具，选取下方的矩形，选择"编辑>贴入内部"命令，将图片贴入矩形框的内部，并设置描边色为无，效果如图 9-171 所示。

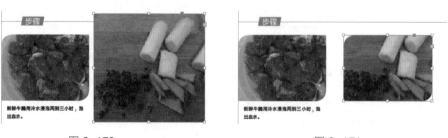

图 9-170　　　　　　　　图 9-171

（16）选取并复制记事本文档中需要的文字，返回到 InDesign 页面中，选择"文字"工具 T，在适当的位置绘制文本框，将复制的文字粘贴到文本框中，效果如图 9-172 所示。

（17）选择"选择"工具 ▶，将输入的文字同时选取，在"段落样式"面板中单击"步骤文字"，如图 9-173 所示，文字效果如图 9-174 所示。

图 9-172　　　　　　　　　图 9-173　　　　　　　　　图 9-174

（18）用相同的方法置入其他图片并添加相应的文字，效果如图 9-175 所示。选择"选择"工具 ▶，选取最后一个图形，设置图形填充色的 CMYK 值为 0、60、100、10，并设置描边色为无，效果如图 9-176 所示。

（19）选取并复制记事本文档中需要的文字，返回到 InDesign 页面中，选择"文字"工具 T，在适当的位置绘制文本框，将复制的文字粘贴到文本框中，将所有的文字选取，在控制面板中设置合适的字体和文字大小，填充文字为白色，效果如图 9-177 所示。在控制面板中将"行距" 设为 10 点，按 Enter 键，效果如图 9-178 所示。

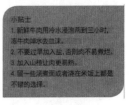

图 9-175　　　　　　　图 9-176　　　　　　　图 9-177　　　　　　　图 9-178

（20）选择"文字"工具 T，选取文字"小贴士"，在控制面板中选择合适的字体，效果如图 9-179 所示。用相同的方法制作内页 04 和 05，效果如图 9-180 所示。

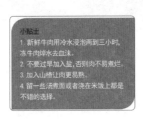

图 9-179

图 9-180

9.2.5   扩展实践：制作美妆杂志内页

使用"页码和章节选项"命令更改起始页码；使用"当前页码"命令添加自动页码；使用"文字"工具和"填充"工具添加标题及杂志内容；使用"段落样式"面板设置文字新样式；使用"投影"命令为图片添加投影效果。最终效果参看云盘中的"Ch09 > 效果 > 9.2.5 扩展实践：制作美妆杂志内页"，如图 9-181 所示。

图 9-181

任务 9.3   项目演练：制作美食杂志内页

9.3.1   任务引入

本任务是为美食杂志制作内页，要求设计时以实物图片为主体，文字为辅，内容丰富，说明清晰。

9.3.2   设计理念

设计时，以菜肴实物给读者带来视觉上的享受并刺激读者的味蕾；加以文字说明，突出主题。最终效果参看云盘中的"Ch09 > 效果 > 9.3- 制作美食杂志内页"，如图 9-182 所示。

图 9-182

项目10

书刊编排应用技巧——
目录制作与书刊编排

本项目介绍InDesign CC 2019中书刊的编排及目录制作方法。通过本项目的学习，读者可以掌握编辑书刊、目录的方法和技巧，可以完成更加复杂的排版设计项目，能提高排版的专业技术水平。

学习引导

知识目标
- 了解"目录"命令
- 了解"书籍"命令

能力目标
- 掌握创建与生成目录的方法
- 掌握创建书籍的技巧

素养目标
- 培养对书刊编排的应用能力

实训项目
- 制作美食图书目录
- 制作美食图书

任务 10.1 制作美食图书目录

10.1.1 任务引入

目录是图书必要的一部分，具有指导阅读、检索内容的作用。本任务是制作《美味家常菜》一书的目录，要求介绍图书中的主要内容，同时便于读者查找具体内容。

10.1.2 设计理念

设计时，保持目录与《美味家常菜》图书的封面和内页设计风格相呼应；整体版面规则、整洁，添加小标题和页码便于读者查阅。最终效果参看云盘中的"Ch10 > 效果 > 10.1- 制作美食图书目录"，如图10-1所示。

图 10-1

10.1.3 任务知识："目录"命令

❶ 创建与生成目录

目录可以列出书籍、杂志或其他出版物的内容，可以显示插图列表、广告商或摄影人员名单，也可以包含有助于在文档或书籍文件中查找的信息。

生成目录前，应先确定应包含的段落（如章、节标题），再为每个段落定义段落样式，并确保将这些样式应用于单篇文档或编入书籍的多篇文档中的所有相应段落。

在创建目录时，应在文档中添加新页面。选择"版面 > 目录"命令，弹出"目录"对话框，如图10-2所示。

● "标题"选项：输入目录标题后，将显示在目录顶部；若要设置标题的格式，可从右侧的"样式"下拉列表中选择。

● 双击"其他样式"列表框中的段落样式，可以将其添加到"包含段落样式"列表框中，以确定目录包含的内容。

● "创建 PDF 书签"选项：将文档导出为 PDF 格 式 时，在 Adobe Acrobat 或 Adobe Reader® 的"书签"面板中显示目录条目。

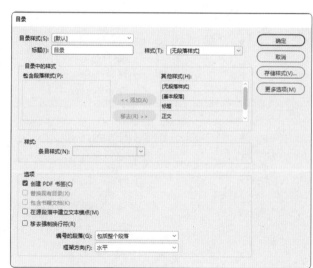

图 10-2

- "替换现有目录"选项：替换文档中所有现有的目录。
- "包含书籍文档"选项：为书籍列表中的所有文档创建目录，并重编该书的页码；如果只想为当前文档生成目录，则取消勾选此复选框。
- "编号的段落"选项：若目录中包括使用编号的段落样式，可以通过此选项指定目录条目是只包括整个段落（编号和文本）、只包括编号还是只包括段落。
- "框架方向"选项：指定要用于创建目录的文本框的排版方向。

单击"更多选项"按钮，将弹出设置目录样式的选项，设置如图 10-3 所示。单击"确定"按钮，将出现形状为加载文本图标 ▥ 的鼠标指针，在页面中需要的位置拖曳鼠标指针，创建目录，如图 10-4 所示。

图 10-3

图 10-4

- "条目样式"选项：对应"包含段落样式"列表框中的样式，可以选择一种段落样式应用到相关联的目录条目。
- "页码"选项：选择页码的位置，可以在右侧的"样式"下拉列表中选择页码需要的字符样式。
- "条目与页码间"选项：指定要在目录条目及其页码之间显示的字符；可以在弹出的列表中选择其他特殊字符，在右侧的"样式"下拉列表中选择需要的字符样式。
- "按字母顺序对条目排序（仅为西文）"选项：将按字母顺序对选定样式中的目录条目进行排序。
- "级别"选项：默认情况下，"包含段落样式"列表框中添加的每个项目都比它的直接上层项目低一级；可以通过为选定的段落样式指定新的级别编号来更改这一层次。
- "接排"选项：可将所有目录条目接排到某一个段落中。
- "包含隐藏图层上的文本"选项：在目录中包含隐藏图层上的段落；当创建其自身在文档中为不可见文本的广告商名单或插图列表时，需勾选此复选框。

提示　　拖曳鼠标指针时应避免将目录框串接到文档中的其他文本框；如果要替换现有目录，则整篇文档都将被更新后的目录替换。

2　创建具有制表符前导符的目录条目

选择"窗口＞样式＞段落样式"命令，弹出"段落样式"面板。双击应用于目录条目的段落样式的名称，弹出"段落样式选项"对话框，在左侧列表框中选择"制表符"选项，弹出相应的面板，如图10-5所示。选择"右对齐制表符"按钮⬇，在标尺上单击，放置制表符，在"前导符"文本框中输入一个句点（.），如图10-6所示。单击"确定"按钮，创建具有制表符前导符的段落样式。

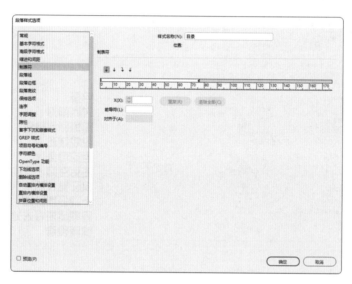

图 10-5

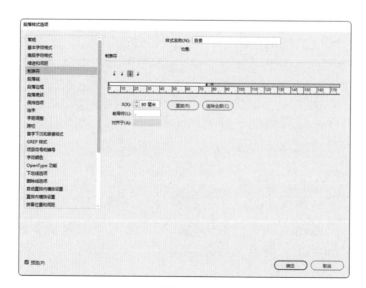

图 10-6

选择"版面>目录"命令，弹出"目录"对话框。在"包含段落样式"列表框中选择包含制表符前导符的项目，在"条目样式"下拉列表中选择包含制表符前导符的段落样式。单击"更多选项"按钮，在"条目与页码间"文本框中输入 t，如图 10-7 所示。单击"确定"按钮，创建具有制表符前导符的目录条目，如图 10-8 所示。

图 10-7

图 10-8

10.1.4 任务实施

（1）选择"文件>新建>文档"命令，弹出"新建文档"对话框，设置如图 10-9 所示。单击"边距和分栏"按钮，弹出"新建边距和分栏"对话框，设置如图 10-10 所示；单击"确定"按钮，新建一个页面。选择"视图>其他>隐藏框架边缘"命令，将所绘制图形的框架边缘隐藏。

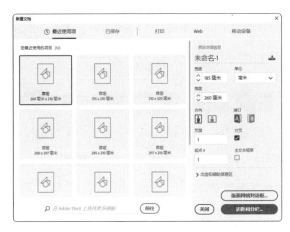

图 10-9

图 10-10

（2）选择"文字"工具 T，在适当的位置绘制两个文本框，输入需要的文字并选取，在控制面板中设置合适的字体和文字大小，取消文字的选取状态，效果如图 10-11 所示。

（3）选择"矩形"工具 ▣，在适当的位置拖曳鼠标指针绘制一个矩形，设置矩形填充色的 CMYK 值为 0、40、100、0，并设置描边色为无，效果如图 10-12 所示。

（4）选择"选择"工具 ▶，在按住 Alt+Shift 组合键的同时，垂直向下拖曳矩形到适当的位置复制，效果如图 10-13 所示。向下拖曳矩形下方正中的锚点到适当的位置，调整矩形大小，效果如图 10-14 所示。

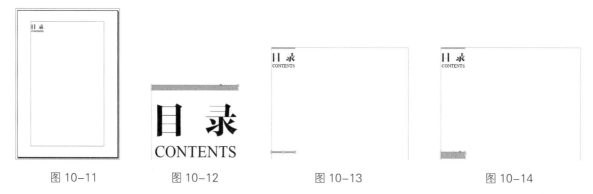

图 10-11　　　　图 10-12　　　　图 10-13　　　　图 10-14

（5）保持图形的选取状态，选择"对象 > 角选项"命令，在弹出的对话框中进行设置，如图 10-15 所示，单击"确定"按钮，效果如图 10-16 所示。

（6）选择"文字"工具 T，在适当的位置绘制文本框，输入需要的文字选取，输入的文字，在控制面板中设置合适的字体和文字大小，填充文字为白色，取消文字的选取状态，效果如图 10-17 所示。

（7）选择"文件 > 置入"命令，弹出"置入"对话框，选择云盘中的"Ch10 > 素材 > 10.1-制作美食图书目录 > 01"文件，单击"打开"按钮，在页面空白处单击置入图片。选择"自由变换"工具 ▣，拖曳图片到适当的位置并调整大小，效果如图 10-18 所示。

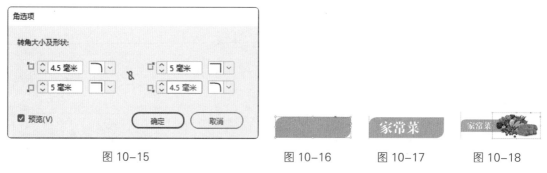

图 10-15　　　　　　　　图 10-16　　图 10-17　　图 10-18

（8）选择"选择"工具 ▶，选取需要的图形，在按住 Alt+Shift 组合键的同时，垂直向下拖曳图形到适当的位置复制，效果如图 10-19 所示。拖曳图形右下角的锚点到适当的位置，调整其大小，效果如图 10-20 所示。

（9）取消图形的选取状态。选择"文件 > 置入"命令，弹出"置入"对话框，选择云盘中的"Ch10 > 素材 > 10.1- 制作美食图书目录 > 02"文件，单击"打开"按钮，在页面空白处单击置入图片。选择"自由变换"工具，拖曳图片到适当的位置并调整大小，效果如图 10-21 所示。

（10）按 Ctrl+X 组合键，将图片剪切到剪贴板上。选择"选择"工具，选取下方的矩形，选择"编辑 > 贴入内部"命令，将图片贴入矩形框的内部，效果如图 10-22 所示。

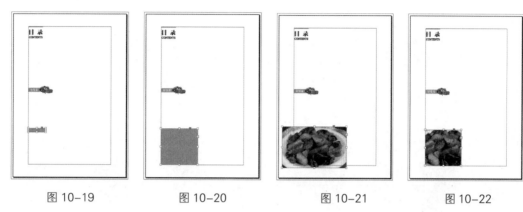

图 10-19   图 10-20   图 10-21   图 10-22

（11）选择"文件 > 打开"命令，弹出"打开"对话框，选择云盘中的"Ch09 > 效果 > 10.1- 制作美食图书内页 .indd"文件。选择"文字 > 段落样式"命令，弹出"段落样式"面板，单击面板下方的"创建新样式"按钮，生成新的段落样式并将其命名为"目录文字"，如图 10-23 所示。

（12）双击"目录文字"样式，弹出"段落样式选项"对话框，在左侧列表框中选择"基本字符格式"选项，在右侧界面中设置如图 10-24 所示；在左侧列表框中选择"制表符"选项，在右侧界面中设置如图 10-25 所示；在左侧列表框中选择"字符颜色"选项，在右侧界面中选择需要的颜色，如图 10-26 所示，单击"确定"按钮。

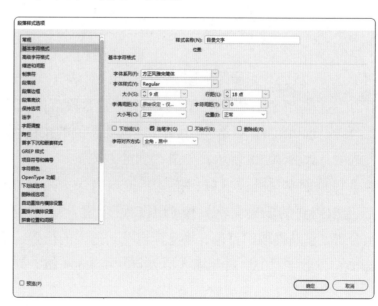

图 10-23   图 10-24

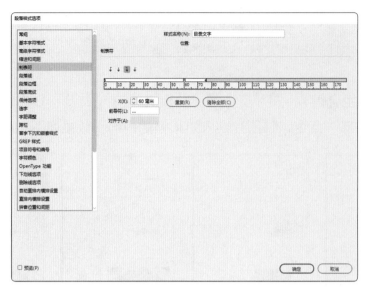

图 10-25

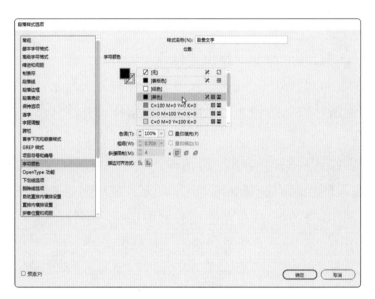

图 10-26

（13）选择"版面 > 目录"命令，弹出"目录"对话框，在"其他样式"列表框中选择"菜名"选项，单击 << 添加(A) 按钮，将"菜名"添加到"包含段落样式"列表框中，如图 10-27 所示。在"样式: 菜名"选项组中，单击"条目样式"选项右侧的按钮，在弹出的下拉列表中选择"目录文字"选项，如图 10-28 所示，单击"确定"按钮。

（14）在页面空白处拖曳鼠标指针，提取目录，效果如图 10-29 所示。选择"选择"工具，选取需要的段落文字，按 Ctrl+C 组合键，复制段落。返回新建的目录页面，按 Ctrl+V 组合键，粘贴提取的目录，并将其拖曳到适当的位置，效果如图 10-30 所示。选择"文字"工具，在数字"05"右侧插入插入点，按 Enter 键，切换到下一行，如图 10-31 所示。

图 10-27　　　　　　　　　　　　　　　　　　图 10-28

图 10-29　　　　　　　　图 10-30　　　　　　　　图 10-31

（15）选取并复制记事本文档中需要的文字，返回到 InDesign 页面中，将复制的文字粘贴到文本框中，效果如图 10-32 所示。选择"选择"工具▶，选取文字，并调整文本框的大小，如图 10-33 所示。单击文本框的出口，如图 10-34 所示。

图 10-32　　　　　　　　图 10-33　　　　　　　　图 10-34

（16）当鼠标指针变为加载文本图标时，将其移动到适当的位置，如图 10-35 所示，按住鼠标左键拖曳鼠标指针，文本自动排入文本框中，效果如图 10-36 所示。在页面空白处单击，取消文字的选取状态，美食书籍目录制作完成，效果如图 10-37 所示。

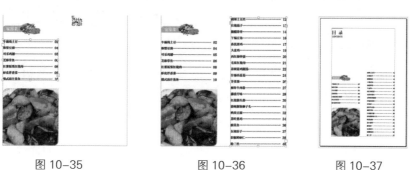

图 10-35　　　　　　　　图 10-36　　　　　　　　图 10-37

10.1.5　扩展实践：制作美妆杂志目录

使用"置入"命令添加图片；使用"段落样式"面板、"字符样式"面板和"目录"命令提取目录。最终效果参看云盘中的"Ch10 > 效果 > 10.1.5 扩展实践：制作美妆杂志目录"，如图 10-38 所示。

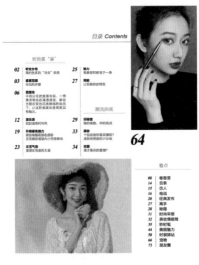

图 10-38

微课

制作美妆杂志
目录1

微课

制作美妆杂志
目录2

任务 10.2　制作美食图书

微课

制作美食图书

10.2.1　任务引入

通过制作美食图书，读者能够熟悉使用 InDesign CC 2019 制作图书的基本方法。最终效果参看云盘中的"Ch10 > 效果 > 10.2- 制作美食图书"。图 10-39 所示为面板显示。

图 10-39

10.2.2　任务知识："书籍"命令

① 在书籍中添加文档

选择"文件 > 新建 > 书籍"命令，弹出"新建书籍"对话框，将文件命名为"书籍"。单击图 10-40 所示"书籍"面板下方的"添加文档"按钮 +，弹出"添加文档"对话框，在其中选取需要的文件，如图 10-41 所示。单击"打开"按钮，在"书籍"面板中添加文档，如图 10-42 所示。

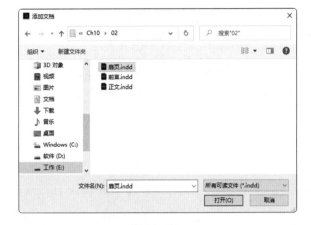

图 10-40　　　　　　　　　　　　　图 10-41　　　　　　　　　　　　　图 10-42

单击"书籍"面板右上方的☰按钮，在弹出的菜单中选择"添加文档"命令，弹出"添加文档"对话框，在其中选择需要的文档，单击"打开"按钮，也可添加文档。

❷ 管理书籍文件

每个打开的书籍文件均显示在"书籍"面板中各自的选项卡中。如果同时打开了多个书籍文件，则单击相应的选项卡可将对应的书籍调至前面，从而访问其面板菜单。

文档条目后面的图标表示当前文档的状态。

没有图标出现表示是关闭的文档。

图标●表示文档已打开。

图标❓表示文档已被移动、重命名或删除。

图标⚠表示在书籍文件关闭后，文档被编辑过或页码被重新编排过。

◎ 存储书籍

单击"书籍"面板右上方的按钮☰，在弹出的菜单中选择"将书籍存储为"命令，弹出"将书籍存储为"对话框，指定存储位置和文件名，单击"保存"按钮，可使用新名称存储书籍。

单击"书籍"面板右上方的按钮☰，在弹出的菜单中选择"存储书籍"命令，可将书籍保存。

单击"书籍"面板下方的"存储书籍"按钮📥，也可以保存书籍。

◎ 关闭书籍文件

单击"书籍"面板右上方的☰按钮，在弹出的菜单中选择"关闭书籍"命令，可以关闭单个书籍。

单击"书籍"面板右上方的✖按钮，可以关闭一起停放在同一面板中的所有打开的书籍。

◎ 删除书籍文档

在"书籍"面板中选取要删除的文档，单击面板下方的"移去文档"按钮➖，可从书籍中删除选取的文档。

在"书籍"面板中选取要删除的文档，单击"书籍"面板右上方的按钮☰，在弹出的菜单中选择"移去文档"命令，也可从书籍中删除选取的文档。

◎ 替换书籍文档

单击"书籍"面板右上方的 ≡ 按钮，在弹出的菜单中选择"替换文档"命令，弹出"替换文档"对话框，指定一个文档，单击"打开"按钮，可替换选取的文档。

10.2.3 任务实施

（1）选择"文件 > 新建 > 书籍"命令，弹出"新建书籍"对话框，将文件命名为"制作美食图书"，如图 10-43 所示。单击"保存"按钮，弹出"制作美食图书"面板，如图 10-44 所示。

（2）单击面板下方的"添加文档"按钮 +，弹出"添加文档"对话框，将"制作美食图书封面""制作美食图书目录""制作美食图书内页"文档添加到"制作美食书籍"面板中，如图 10-45 所示。单击"制作美食"面板下方的"存储书籍"按钮 ⤓，美食图书制作完成。

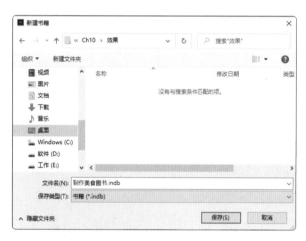

图 10-43

图 10-44

图 10-45

10.2.4 扩展实践：制作美妆杂志

使用"新建书籍"命令和"添加文档"按钮制作书籍。最终效果参看云盘中的"Ch10 > 效果 > 10.2.4 扩展实践：制作美妆杂志"。图 10-46 所示为面板显示。

图 10-46

微课

制作美妆杂志

任务 10.3　项目演练：制作美食杂志目录

10.3.1　任务引入

本任务是制作美食杂志的目录，要求设计体现杂志的核心内容，同时还要便于读者查阅。

10.3.2　设计理念

设计时，保持目录风格与杂志封面、内容的风格相呼应；整体版面规则、整洁，在此基础上添加小标题、页码，便于读者查阅。最终效果参看云盘中的"Ch10 > 效果 > 10.3- 制作美食杂志目录"，如图 10-47 所示。

图 10-47

微课

制作美食杂志目录1

微课

制作美食杂志目录2

微课

制作美食杂志目录3

项目11

商业设计应用技巧——
综合设计实训

11

本项目的综合设计实训案例将根据商业设计项目的真实情境来让读者利用所学知识完成商业设计项目。通过本项目的学习，读者能进一步掌握InDesign的强大操作功能和使用技巧，并应用好所学技能制作出专业的商业设计作品。

学习引导

知识目标
- 了解宣传单、食品包装的制作要点
- 了解杂志、画册的制作要点

能力目标
- 掌握宣传单、食品包装的制作方法和技巧
- 掌握杂志、画册的制作方法和技巧

素养目标
- 培养对商业项目的创意设计能力
- 培养对商业项目的流程掌控能力

实训项目
- 制作招聘宣传单
- 制作食客厨房杂志封面
- 制作牛奶包装
- 制作房地产画册封面
- 制作房地产画册内页

任务 11.1　宣传单设计——制作招聘宣传单

11.1.1　任务引入

本任务是制作招聘宣传单，要求设计突出现代感，风格简约，信息清晰、全面。

11.1.2　设计理念

设计时，围绕招聘主题进行设计。宣传单背景为商务握手图片，突出亲切感；标题在画面中占据重要位置，强调主题，色彩选取绿色和白色分别体现商业感和专业性；下方招聘职位合理布局，营造秩序感，使构图更和谐。最终效果参看云盘中的"Ch11 > 效果 > 11.1- 制作招聘宣传单"，如图 11-1 所示。

图 11-1

11.1.3　任务实施

（1）新建文件。选择"矩形"工具█，绘制一个与页面大小相等的矩形，并填充适当的颜色，如图 11-2 所示。复制并缩小矩形。置入素材文件，单击控制面板中的"向选定的目标添加对象效果"按钮█，为素材文件添加渐变羽化效果。选择"编辑 > 贴入内部"命令，将图片贴入复制的矩形内部，效果如图 11-3 所示。

（2）使用"椭圆"工具◯、"钢笔"工具█和"路径查找器"面板制作装饰图形。单击控制面板中的"向选定的目标添加对象效果"按钮█，为装饰图形添加投影效果，如图 11-4 所示。

（3）选择"文字"工具█，在适当的位置绘制文本框，输入需要的文字并选取，在控制面板中设置合适的字体和文字大小，取消文字的选取状态。选择"直线"工具█，绘制装饰线条，效果如图 11-5 所示。

（4）选择"椭圆"工具◯，在按住 Shift 键的同时，绘制装饰圆形。选择"文字"工具█，在页面中绘制文本框，输入需要的文字并选取，填充适当的颜色，在控制面板中设置合适的字体和文字大小，效果如图 11-6 所示。

（5）选择"椭圆"工具◯，在按住 Shift 键的同时，在适当的位置绘制装饰圆形。选择"选择"工具█，复制圆形并调整其不透明度。选择"文字"工具█，在适当的位置绘制文本框，输入需要的文字并选取，在控制面板中设置合适的字体和文字大小。招聘宣传单制作完成，效果如图 11-7 所示。

图 11-2　　　　图 11-3　　　　图 11-4　　　　图 11-5　　　　图 11-6　　　　图 11-7

任务 11.2　杂志设计——制作《食客厨房》杂志封面

微课

制作《食客厨房》杂志封面

11.2.1　任务引入

本任务是制作《食客厨房》杂志封面，要求设计突出餐饮行业特色，主题鲜明，色彩亮丽。

11.2.2　设计理念

设计时，围绕餐饮主题进行设计。封面背景为菜品图片，体现食物的美味，使人产生食欲；文字色彩选取橙色和浅绿色，与菜品呼应；排版时尚大气，构图和谐，具有美感；整体设计充满特色，契合主题。最终效果参看云盘中的"Ch11 > 效果 > 11.2- 制作《食客厨房》杂志封面"，如图 11-8 所示。

图 11-8

11.2.3　任务实施

（1）新建文件。选择"文件 > 置入"命令，弹出"置入"对话框，选择云盘中的"Ch11 > 素材 > 制作食客厨房杂志 > 01"文件，单击"打开"按钮，在页面空白处单击置入图片。选择"自由变换"工具，将图片拖曳到适当的位置并调整其大小，效果如图 11-9 所示。

（2）选择"文字"工具，在页面中绘制文本框，输入需要的文字并选取，在控制面板中设置合适的字体和文字大小，填充适当的颜色。单击控制面板中的"向选定的目标添加对象效果"按钮，为文字添加投影效果，如图 11-10 所示。

（3）选择"文字"工具，在适当的位置绘制文本框，输入需要的文字并选取，在控制面板中设置合适的字体和文字大小，分别填充适当的颜色。选择"矩形"工具，在适当的位置分别绘制装饰矩形。《食客厨房》杂志制作完成，效果如图 11-11 所示。

图 11-9

图 11-10

图 11-11

任务 11.3 包装设计——制作牛奶包装

11.3.1 任务引入

本任务是制作牛奶包装，要求设计符合产品的特点，营造天然健康的氛围。

11.3.2 设计理念

设计时，围绕奶瓶进行设计。选择简洁的图案，贴合牛奶产品的天然品质；配色清晰，给人带来愉悦感；整体画面干净、简约，更吸引消费者关注。最终效果参看云盘中的"Ch11 > 效果 > 11.3- 制作牛奶包装"，如图 11-12 所示。

图 11-12

11.3.3 任务实施

（1）新建文件。置入并调整素材文件。选择"钢笔"工具 ，沿瓶盖轮廓绘制闭合路径。利用"效果"面板制作图片融合。单击控制面板中的"向选定的目标添加对象效果"按钮 ，制作图形羽化。使用"椭圆"工具 和控制面板中的"向选定的目标添加对象效果"按钮 ，制作牛奶瓶投影，效果如图 11-13 所示。

（2）使用"矩形"工具 、"角选项"命令、"效果"面板和控制面板中的"向选定的目标添加对象效果"按钮 ，绘制标签，并分别填充适当的颜色，效果如图 11-14 所示。

（3）使用"椭圆"工具 、"变换"命令、"路径查找器"面板和"转换方向点"工具 ，绘制标志图形。选择"选择"工具 ，选取并编组图形。在按住 Alt 键的同时，向右上角拖曳编组图形到适当的位置，并调整其大小，效果如图 11-15 所示。

（4）选择"文字"工具 T，在适当的位置绘制文本框，输入需要的文字并选取，在控制面板中设置合适的字体和文字大小，填充适当的颜色。选择"选择"工具 ▶，在按住Shift 键的同时，将图形和文字同时选取，单击控制面板中的"水平居中对齐"按钮。牛奶包装制作完成，效果如图 11-16 所示。

图 11-13　　　　　图 11-14　　　　　图 11-15　　　　　图 11-16

任务 11.4　画册封面设计——制作房地产画册封面

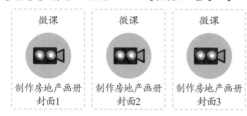

微课　　微课　　微课

制作房地产画册　制作房地产画册　制作房地产画册
封面1　　　封面2　　　封面3

11.4.1　任务引入

本任务是制作房地产画册封面，要求设计符合房地产行业特色，强调人与自然的和谐。

11.4.2　设计理念

设计时，围绕房地产主题进行设计。封面主体为楼盘与自然环境的插画，营造出和谐之美；色彩选取蓝绿色系，体现自然和环保的概念；标题文字经过设计，具有韵律感；楼盘的信息文字简约，画面整体更具美感。整体设计充满特色，契合主题。最终效果参看云盘中的"Ch11 > 效果 > 11.4- 制作房地产画册封面"，如图 11-17 所示。

图 11-17

11.4.3　任务实施

（1）新建文件。置入素材图片。选择"选择"工具 ▶，将图片拖曳到适当的位置，效果如图 11-18 所示。

（2）选择"文字"工具 T，在适当的位置绘制文本框，输入需要的文字并选取，在控制面板中设置合适的字体和文字大小，调整字符间距，填充适当的颜色。使用"创建轮廓"命令、"矩形"工具 ▢ 和"路径查找器"面板制作标题文字。选择"直线"工具 ╱，在按住 Shift 键的同时，绘制装饰线条，如图 11-19 所示。

（3）使用"矩形"工具 ▢、"选择"工具 ▶、"路径查找器"面板和"直接选择"工具 ▷ 制作装饰图形，效果如图 11-20 所示。框选图形和文字，进行编组。复制编组图形并调整其位置和大小。

（4）使用"矩形"工具 ▢ 和"椭圆"工具 ◯ 绘制地标，分别填充适当的颜色。选择"文字"工具 T 和"直排文字"工具 ⵏT，在适当的位置绘制文本框，输入需要的文字并选取文字，在控制面板中设置合适的字体和文字大小，效果如图 11-21 所示。

图 11-18

图 11-19

图 11-20

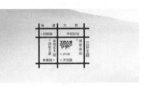
图 11-21

（5）选择"文字"工具 T，在适当的位置绘制文本框，输入需要的文字并选取，在控制面板中设置合适的字体和文字大小。选择"直线"工具 ╱，在按住 Shift 键的同时，绘制装饰线条。房地产画册封面制作完成，如图 11-22 所示。

图 11-22

任务 11.5 画册内页设计——制作房地产画册内页

11.5.1 任务引入

本任务是制作房地产画册内页，要求设计风格时尚、大气，与房地产画册封面的风格一致。

11.5.2 设计理念

设计时，围绕房地产主题进行设计。背景为纯色色块和效果图搭配，突显主题；选取淡绿色、橘黄色和红色营造自热、和谐之感；文字有序排列，构图和谐，画面现代感较强契合主题。最终效果参看云盘中的"Ch11 > 效果 > 11.5-制作房地产画册内页"，如图 11-23 所示。

图 11-23

11.5.3　任务实施

（1）新建文件。选择"矩形"工具■，在"A- 主页"页面中绘制矩形。双击"渐变色板"工具■，弹出"渐变"面板，设置渐变色填充图形，效果如图 11-24 所示。

图 11-24

（2）在"1"和"2"页面中，使用"矩形"工具■和"路径查找器"面板绘制标题文字底图。选择"文字"工具T，在适当的位置绘制文本框，输入需要的文字并选取，在控制面板中设置合适的字体和文字大小。置入素材文件，选择"自由变换"工具■，将图片拖曳到适当的位置并调整其大小。选择"选择"工具▶，裁剪图片，效果如图 11-25 所示。

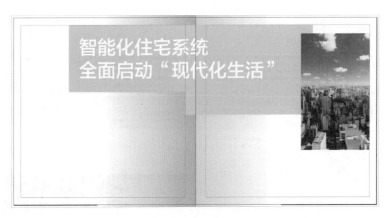

图 11-25

（3）选择"矩形"工具■，绘制装饰矩形。选择"文字"工具 T，在页面中绘制文本框，在文本框中分别输入需要的文字并选取，在控制面板中设置合适的字体和文字大小。选择"对象>适合>使框架适合内容"命令，使文本框适合文字，效果如图 11-26 所示。

图 11-26

（4）用相同的方法制作其他内页，效果如图 11-27 ~ 图 11-29 所示。

图 11-27

图 11-28

图 11-29